LECLERC DU SABLON

Nos Fleurs

plantes utiles et nuisibles

350 *figures en noir*

144 *figures en couleur*

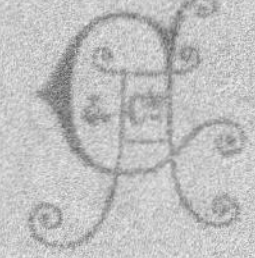

Armand Colin & Cⁱᵉ, Éditeurs

PARIS

Nos Fleurs

plantes utiles et nuisibles

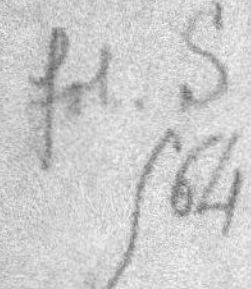

LECLERC DU SABLON

PROFESSEUR À LA FACULTÉ DES SCIENCES DE TOULOUSE

Nos Fleurs

plantes utiles et nuisibles

350 figures en noir

114 figures en couleur

Dessinées d'après nature par A. MILLOT.

Armand Colin & Cie, Éditeurs

5, rue de Mézières, PARIS

IMPRIMERIE E. CAPIOMONT ET Cie

PARIS
6, RUE DES POITEVINS, 6
(Ancien Hôtel de Thou)

NOTIONS DE BOTANIQUE

Différentes parties de la plante. — Les organes qui constituent la plupart des plantes de nos bois et de nos champs sont faciles à distinguer; ce sont : les *racines*, qui s'enfoncent dans le sol et sont à la fois un organe de fixation et de nutrition; la *tige*, qui s'élève dans l'air, dont la consistance est très variable et qui sert de support aux différents organes de la plante; les *feuilles*, qui sont portées par la tige et servent à la nutrition et à la transpiration de la plante; les *fleurs*, qui terminent certains rameaux et abritent les organes de la reproduction. C'est sur la fleur que portent les plus grandes variations.

Racine, tige, feuille et fleur sont donc les quatre parties qui constituent une plante complète, car nous verrons qu'il existe aussi des plantes beaucoup plus simples, comme certaines algues, et auxquelles il manque tout ou partie des organes que nous venons d'énumérer.

Nous allons étudier successivement chacune des parties d'une plante.

Racine. — Les racines poussent et se ramifient dans la terre où elles absorbent

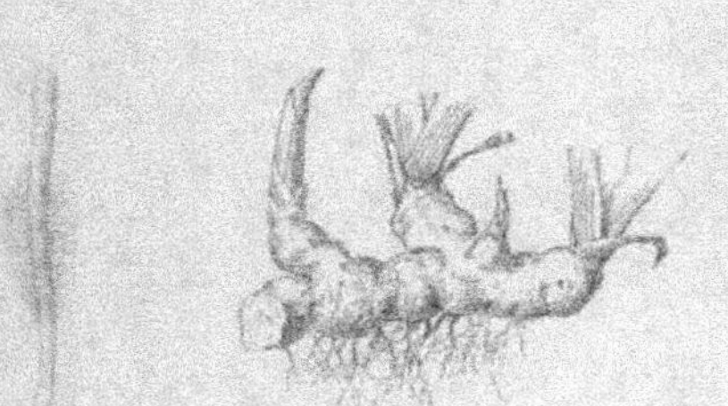

Fig. 1. — Extrémité d'une racine avec les poils absorbants.

Fig. 2. — Rhizome d'Iris.

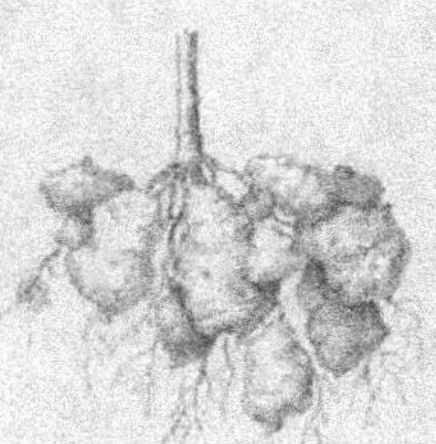

Fig. 3. — Tubercules de Topinambour.

les substances nutritives nécessaires à la plante, à l'aide de petits poils situés près de l'extrémité des jeunes racines et appelés *poils absorbants* (fig. 1). Certaines racines, telles que celles du Radis, de la Betterave, emmagasinent une réserve de substance nutritive, qui est le plus souvent de l'*amidon* ou du sucre : on les appelle des *racines tuberculeuses*.

Tige. — Les tiges s'élèvent ordinairement dans l'air et portent des feuilles, tandis que les racines n'en portent jamais. Les points d'une tige où s'attachent les feuilles sont les *nœuds* ; l'intervalle qui sépare deux nœuds consécutifs est appelé *entre-nœud*. Au-dessus du point d'insertion de la feuille sur la tige se trouve un *bourgeon* qui, en se développant, donne un rameau semblable à la tige qui le porte ; c'est de cette façon que la tige se ramifie.

Certaines tiges, telles que celles du Chiendent, de l'Iris, se développent sous terre : on les appelle des *rhizomes* (fig. 2) ; dans beaucoup de plantes, les rhizomes se renflent et forment des tubercules qui renferment en abondance des matières nutritives ; tels sont les tubercules de la Pomme de terre, du Topinambour (fig. 3), etc.

Si l'on coupe une tige en travers (fig. 4), on distingue, sur la section, trois parties : au centre la *moelle* A, constituée par une substance molle ; la moelle est entourée

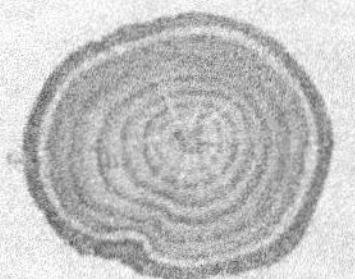

Fig. 4. — Coupe d'une tige.
(A, moelle ; B, bois ; C, écorce).

par le *bois* (B) qui renferme des vaisseaux, sortes de petits tubes servant à la circulation de la *sève* dans toutes les parties de la plante. Il se forme chaque année une nouvelle couche de bois à l'extérieur des précédentes ; on a ainsi une série de cercles concentriques qui permettent de reconnaître l'âge de la plante.

Tout autour du bois se trouve une région très mince où se forment les nouvelles couches de bois. C'est ce qu'on appelle la *couche génératrice*.

Enfin on trouve extérieurement à cette couche génératrice ce qu'on appelle vulgairement l'*écorce*, qui s'accroît aussi par des couches successives, mais intérieurement à celles déjà existantes ; les nouvelles couches d'écorce sont formées, comme les nouvelles couches de bois, par la couche génératrice. C'est

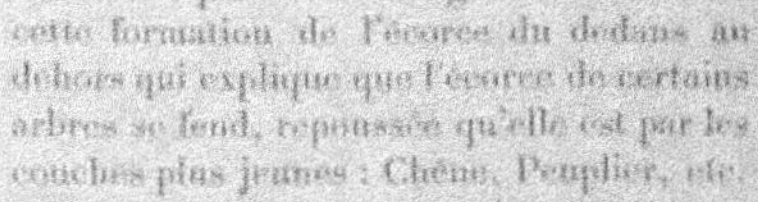

cette formation de l'écorce du dedans au dehors qui explique que l'écorce de certains arbres se fend, repoussée qu'elle est par les couches plus jeunes : Chêne, Peuplier, etc.

Lorsque la tige est résistante comme dans le Chêne, le Poirier, le Rosier, on dit que la plante est *ligneuse*. Suivant la taille de la tige, la plante est un *arbre*, un *arbuste*, ou un *arbrisseau*.

Si la tige n'offre pas de résistance, comme dans le Fraisier (fig. 5), la Violette, la Giroflée, on dit que la plante est *herbacée*.

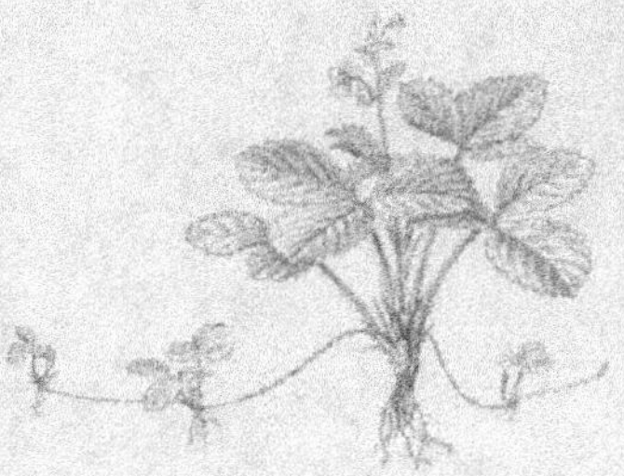

Fig. 5. — Tige herbacée de Fraisier.

Lorsque la plante herbacée ne vit que pendant une saison, elle est *annuelle* ; lorsqu'elle vit pendant deux ans, elle est *bisannuelle* ; lorsqu'enfin elle vit plus de deux ans, elle est *vivace*.

Feuille. — Les feuilles sont insérées sur les nœuds de la tige. Le plus souvent un nœud ne porte qu'une seule feuille ; on dit alors que les feuilles sont *alternes* (fig. 6),

Quand le nœud porte deux feuilles situées vis-à-vis l'une de l'autre, les feuilles sont *opposées* (fig. 7), comme dans la Menthe. Ces feuilles opposées peuvent être soudées comme dans la Cardère sauvage (fig. 8) ; enfin s'il y a plus de deux feuilles insérées sur un nœud, les feuilles sont *verticillées* (fig. 9) ; c'est le cas de la Garance.

Dans une feuille on distingue le plus souvent une partie mince, large et verte, appelée *limbe* (B, fig. 6). Le limbe est en général relié à la tige par une partie mince et allongée qui est le *pétiole* (A, fig. 6). Enfin, dans certains cas, la base de la feuille s'élargit et entoure plus ou moins complètement la tige ; on donne le nom de *gaine* à cette région élargie de la feuille qui vient s'insérer autour de la tige.

Le limbe de la feuille a des formes très différentes, suivant les espèces de plantes que l'on examine. La feuille est *simple* (fig. 6) lorsque son limbe est formé d'une seule pièce, comme dans le Poirier, le Chêne, le Cerisier. La feuille est au contraire *composée* (fig. 10), lorsque son

Fig. 6. — Feuilles alternes du Poirier ; (A) pétiole ; (B) limbe.

Fig. 7. — Feuilles opposées de la Menthe.

limbe est formé de plusieurs parties distinctes, qui viennent s'attacher sur le pétiole ; tel est le cas de la feuille du Rosier, du Trèfle, du Marronnier ; chaque partie du limbe d'une feuille composée est une *foliole*.

On voit, à la base de certaines feuilles, deux sortes de folioles de forme particulière

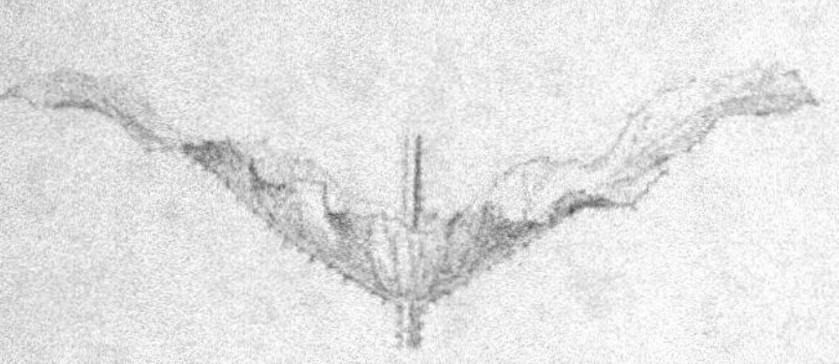

Fig. 8. — Feuilles opposées soudées de la Cardère sauvage.

Fig. 9. — Feuilles verticillées de la Garance.

qui viennent s'insérer au point d'attache de la feuille avec la tige ; ce sont les *stipules* (fig. 10).

Le limbe de la feuille est sillonné par un certain nombre de lignes qui font quelquefois saillie à la surface et qu'on peut voir facilement en regardant les feuilles par transparence ; ce sont les *nervures*. Les nervures renferment des vaisseaux qui se continuent avec ceux de la tige et servent aussi à la circulation de la sève.

Dans beaucoup de plantes, telles que le Platane, le Marronnier, etc., toutes les feuilles poussent au printemps et tombent en automne ; ce sont des *feuilles caduques*. Les feuilles du Buis ou du Laurier, au contraire, restent sur la plante pendant plusieurs années ; ce sont des *feuilles persistantes*. Les plantes à feuilles persistantes restent donc couvertes de feuilles pendant l'hiver.

La coloration des feuilles et de toutes les parties vertes de la plante est due à la *chlorophylle* qui y est renfermée et dont le rôle est des plus importants, puisqu'elle assimile le carbone en le prenant à l'acide carbonique de l'air ; cette action ne s'exerce que sous l'influence de la lumière.

Fleur; Inflorescence. — Les fleurs (*f*, fig. 11) sont portées à l'extrémité d'une petite tige qui a reçu le nom de *pédoncule* (*p*, fig. 11). Le pédoncule naît d'un bourgeon

Fig. 10. — Feuilles de Rosier composées de cinq folioles avec deux stipules à la base.   Fig. 11. — Grappe: (*f*, fleur; (*p*, pédoncule; (*b*, bractée.   Fig. 12. — Corymbe: (*f*, fleur; (*b*, bractée.   Fig. 13. — Épi: (*f*, fleur; (*b*, bractée.

placé à l'aisselle d'une feuille ordinairement très petite, à laquelle on a donné le nom de *bractée* (*b*, fig. 11).

On appelle *inflorescences* les différents modes de groupement des fleurs. Le cas le plus simple est celui où les fleurs sont isolées au sommet des tiges; il en est ainsi dans la Renoncule; quand il y a plusieurs fleurs groupées au sommet de la tige, de manière à former un bouquet, on observe différents modes d'arrangement.

La *grappe* (fig. 11) est formée de fleurs à pédoncules à peu près égaux, situées le long de la tige, à une certaine distance les unes des autres.

Le *corymbe* (fig. 12) est une grappe dont les pédoncules sont de plus en plus courts, de façon que les fleurs viennent s'étaler à peu près toutes au même niveau.

Si dans une grappe les pédoncules sont très courts, de façon que les fleurs paraissent insérées directement tout le long de la tige, l'inflorescence devient un *épi* (fig. 13).

Si les pédoncules sont attachés au même point sur la tige, l'inflorescence est une *ombelle* (fig. 15); à la base des pédoncules, les bractées (*b*) forment une petite collerette appelée *involucre*.

Enfin si les pédoncules sont à la fois très courts et attachés au même point, l'inflorescence devient un *capitule* (fig. 14); tout autour du capitule, les bractées (*b*) forment ordinairement un *involucre*. Ex. Pâquerette.

Telles sont les inflorescences les plus simples. Souvent ces inflorescences se combinent entre elles de façon à former des inflorescences plus complexes; citons

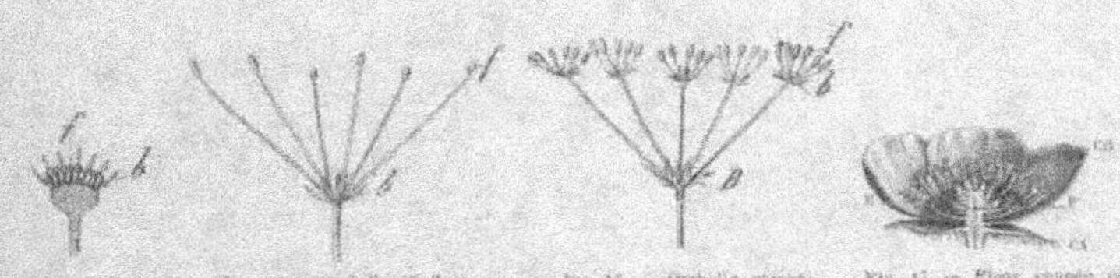

Fig. 14. — Capitule (*f*, fleur; *b*, bractée de l'involucre).   Fig. 15. — Ombelle (*f*, fleur; *b*, bractée de l'involucre).   Fig. 16. — Ombelle composée (*f*, fleurs; *b*, bractées; (*i*), involucelle).   Fig. 17. — Fleur coupée en long (CA, calice; CO, corolle; E, étamines; P, pistil).

seulement un exemple; si dans une ombelle on suppose que chaque fleur soit remplacée par une ombelle, on aura une ombelle d'ombelles ou *ombelle composée* (fig. 16). Ex. : Carotte.

Différentes parties de la fleur. — Dans la fleur de Renoncule (fig. 17), par exemple, on distingue à l'extérieur une première couronne de petites feuilles vertes appelées *sépales* (CA, fig. 17); c'est le *Calice*; puis, en allant vers le centre de la fleur, on voit une seconde couronne formée par les *pétales* d'un beau jaune d'or (CO, fig. 17); c'est la *Corolle*. A l'intérieur de la corolle se trouve une série de petits organes : ce sont les *étamines* (E, fig. 17) formées d'un support mince ou *filet* terminé par un renflement qui a reçu le nom d'*anthère*; l'ensemble des étamines s'appelle l'*androcée*.

Enfin au centre de la fleur se trouve le *pistil* (P, fig. 17) qui se compose d'une ou plusieurs parties appelées *carpelles*; chaque carpelle est formé à sa base par l'*ovaire*, qui contient les *ovules*, lesquels se transformeront en graines; l'ovaire se prolonge par une petite colonne appelée *style* terminée par un épanouissement de forme variable qui est le *stigmate*.

Toutes ces parties de la fleur sont insérées sur l'extrémité du pédoncule qu'on appelle *réceptacle* de la fleur.

En somme, les différentes parties de la fleur sont :
Le calice formé par les sépales ;
La corolle formée par les pétales ;
L'androcée formé par les étamines ;
Le pistil formé par les carpelles.
Nous allons étudier successivement ces quatre parties.

Calice et corolle. — Lorsque les sépales sont distincts les uns des autres, le

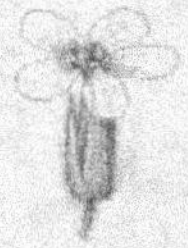

Fig. 18. — Fleur de Géranium à calice régulier et dialysépale et à corolle régulière et dialypétale.

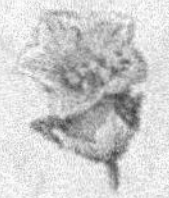

Fig. 19. — Fleur de Belladone à calice régulier et gamosépale et à corolle régulière et gamopétale.

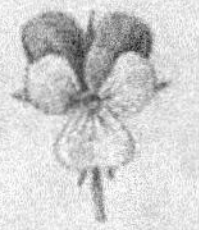

Fig. 20. — Fleur de Pensée à corolle irrégulière et dialypétale.

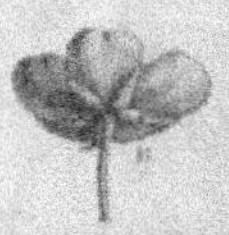

Fig. 21. — Fleur de Renoncule vue par-dessous, montrant les sépales (S) alternant avec les pétales.

calice est *dialysépale* (fig. 18) ; si au contraire les sépales sont plus ou moins soudés entre eux, le calice est *gamosépale* (fig. 19).

De même, lorsque les pétales sont distincts les uns des autres, la corolle est *dialypétale* (fig. 20), et lorsque les pétales sont soudés entre eux, la corolle est *gamopétale* (fig. 19).

Si les sépales sont égaux entre eux, le calice est *régulier* (fig. 18) ; s'ils sont inégaux, le calice est *irrégulier* ; de même la corolle est *régulière* (fig. 18) si les pétales sont égaux entre eux, et elle est *irrégulière* (fig. 20) s'ils sont inégaux.

Le nombre des sépales est souvent égal au nombre des pétales, et chaque sépale est alors inséré, non vis-à-vis d'un pétale, mais vis-à-vis de l'intervalle qui sépare deux pétales : on dit que les sépales et les pétales *alternent* entre eux (fig. 21). Le calice est ordinairement coloré en vert, tandis que la corolle est en général colorée

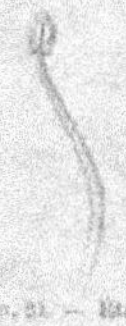

Fig. 22. — Étamine.

Fig. 23. — Grains de Pollen, vus au microscope.

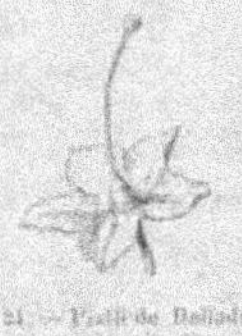

Fig. 24. — Pistil de Belladone au dessus du calice.

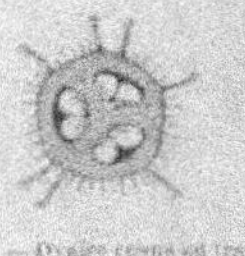

Fig. 25. — Ovaire coupé en travers pour montrer les ovules.

autrement. Dans tous les cas on appelle calice, l'enveloppe extérieure de la fleur quelle que soit sa couleur.

Étamines. — Une étamine (fig. 22) est formée de deux parties : le *filet* et l'*anthère*. Le filet, mince et allongé, sert de support à l'anthère, qui est formée de deux parties appelées *loges*, accolées l'une à l'autre. Chacune des loges, lorsque l'étamine est mûre, s'ouvre par une fente et laisse échapper une poussière jaunâtre qui est le *pollen*. Le pollen, dont nous verrons le rôle tout à l'heure, est formé de tout petits grains que l'on peut distinguer seulement au microscope (fig. 23).

Pistil. — Le pistil (fig. 24) est formé d'une ou plusieurs parties appelées *carpelles*. Chaque carpelle comprend :

1° L'*ovaire*, partie renflée qui est à la base du carpelle ; chaque ovaire est creusé d'une cavité ou loge, où sont fixés les *ovules* destinés à former les *graines* (fig. 25).

Dans quelques plantes l'ovaire paraît être au-dessous des autres parties de la fleur : l'ovaire est alors *infère*, comme dans le Poirier (fig. 26) ; lorsque l'ovaire se voit au-dessus et au milieu des autres parties de la fleur, on dit qu'il est *supère* (fig. 17 et 24).

2° Le *style*, mince et allongé, qui surmonte l'ovaire (fig. 24) ;

3° Le *stigmate*, petit renflement ordinairement gluant qui termine le style (fig. 24) ;

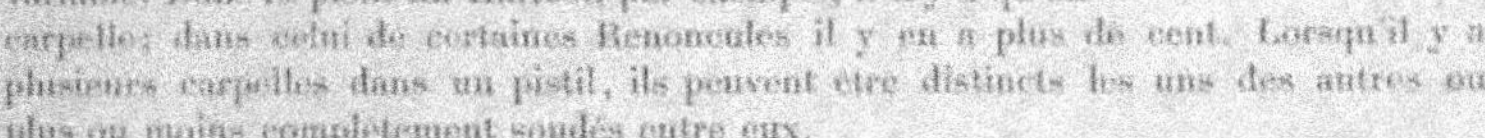

Fig. 26. — Poirier. Fleur complète régulière à ovaire infère.

Le nombre des carpelles qui forment le pistil est très variable. Dans le pistil du Haricot, par exemple, il n'y a qu'un carpelle ; dans celui de certaines Renoncules il y en a plus de cent. Lorsqu'il y a plusieurs carpelles dans un pistil, ils peuvent être distincts les uns des autres ou plus ou moins complètement soudés entre eux.

Diverses sortes de fleurs. — Toutes les fleurs ne possèdent pas à la fois calice, corolle, étamines et pistil comme la fleur de la Renoncule (fig. 17). On appelle fleurs *incomplètes*, les fleurs auxquelles il manque une ou plusieurs de ces quatre parties.

La corolle est ce qui manque le plus souvent (fig. 27) ; quelquefois le calice et la

Fig. 27. — Fleur de Betterave ; la corolle manque.   Fig. 28. — Fleur de Frêne ; le calice et la corolle manquant.   Fig. 29. — Fleur de Saule réduite au pistil.   Fig. 30. — Fleur de Saule réduite par deux étamines.

corolle manquent à la fois, comme dans le Frêne (fig. 28) ; le calice et la corolle sont d'ailleurs les parties accessoires de la fleur, ce sont surtout des organes de protection.

Dans beaucoup de plantes, le Saule, le Chanvre, le Noyer, par exemple, les étamines et le pistil ne sont pas réunis dans la même fleur (fig. 29 et 30). On dit alors que la plante est *dicline* et possède deux sortes de fleurs :

1° Les *fleurs à étamines* qui ont des étamines et pas de pistil ;

2° Les *fleurs à pistil* qui ont un pistil et pas d'étamines.

Dans une plante dicline, deux cas peuvent se présenter :

1° Quand les deux sortes de fleurs sont réunies sur le même pied, la plante est *monoïque*, comme le Noyer.

2° Quand les deux sortes de fleurs sont sur des pieds différents, la plante est *dioïque*, c'est le cas du Saule, du Chanvre, du Houblon, etc.

Formation de la graine et du fruit. — Lorsque le pollen s'échappe de l'anthère, il est emporté par le vent, ou transporté par les insectes qui butinent sur les fleurs, et peut arriver sur le stigmate. Là il germe et forme un petit filament qui, en s'allongeant à travers le style, arrive au contact des ovules.

C'est seulement après ce contact que le *pistil* se développe et forme le fruit, pendant que les ovules en grossissant forment les *graines*. Sans le pollen, le pistil se serait flétri et il n'y aurait eu ni fruit ni graines.

Fruit. — Les fruits peuvent présenter des aspects très différents. Quelquefois, à la maturité, ils sont mous ; on dit alors que le fruit est charnu.

Si les parois sont complètement molles comme dans la groseille (fig. 31) ou la poire (fig. 32), le fruit est une *baie* renfermant des graines plus dures appelées *pépins*.

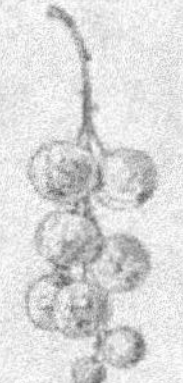 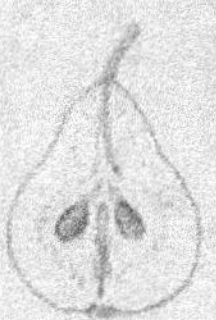  

Fig. 31. — Baies de Groseillier.   Fig. 32. — Poire coupée en long (Poire).   Fig. 33. — Drupe coupée en deux (Pêche).   Fig. 34. — Capsule ouverte (Primevère).

Si au contraire la partie externe du fruit est seule molle, la partie interne étant dure, le fruit est un *drupe*. Dans la pêche, par exemple (fig. 33), la partie externe du fruit est molle et comestible, tandis que la partie interne, qui forme le noyau et entoure la graine, est très dure.

Dans bien des cas, en même temps que le fruit mûrit, ses parois se dessèchent : on a alors un *fruit sec*.

Lorsqu'un fruit sec ne renferme qu'une seule graine, il ne s'ouvre pas, c'est un *akène*, comme dans le Chanvre, le Bleuet, etc.

Mais si un fruit sec renferme plusieurs graines, comme le fruit de la Primevère (fig. 34), il s'ouvre au moment de sa maturité, ce qui permet aux graines de se disperser. En général, on appelle *capsule*, les fruits secs qui s'ouvrent.

Certaines capsules ont reçu des noms spéciaux. Ainsi, on appelle *gousse*, une capsule formée d'un seul carpelle et s'ouvrant par deux fentes; tel est le fruit du Haricot ou du Lotier (fig. 35); on appelle *silique* une capsule formée de deux carpelles et s'ouvrant par quatre fentes, comme le fruit du Chou (fig. 36).

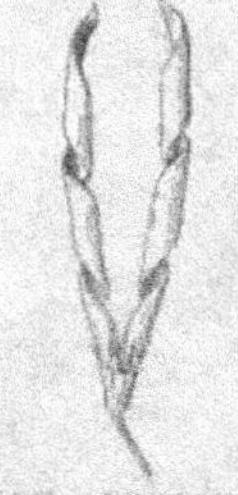

Fig. 35. — Gousse ouverte dont les deux moitiés se sont écartées (Lotier).

Fig. 36. — Silique ouverte (Chou).

Graine. — La graine est l'ovule arrivé à maturité; elle est toujours entourée par des enveloppes ou téguments, dont le rôle est de protéger les parties internes de la graine. A l'intérieur des téguments on trouve la *plantule* : c'est une petite plante en miniature (fig. 37 et 38) qui, pendant la germination, se développera pour donner une nouvelle plante pareille à celle qui a produit la graine. La plantule se compose d'une tige et d'une racine très petites, d'une ou deux feuilles quelquefois très grandes qu'on appelle les *cotylédons* et d'un petit

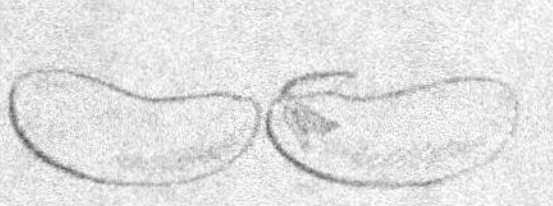

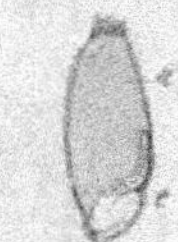

Fig. 37. — Graine de Haricot dont un cotylédon a été ôté pour mieux montrer les parties de la plantule.

Fig. 38. — Graine de Blé coupée en long montrant l'albumen a et la plantule e.

bourgeon appelé *gemmule*. Lorsqu'il y a deux cotylédons la plante est *dicotylédone* (fig. 37); lorsqu'il n'y en a qu'un elle est *monocotylédone* (fig. 38).

Dans beaucoup de graines, telles que les graines de Haricot, les cotylédons sont très gros et renferment une réserve d'aliment qui sert à nourrir la plantule pendant la germination. Dans d'autres graines au contraire, les graines de Blé (fig. 38) ou de Ricin, par exemple, les cotylédons sont plus minces et ne renferment pas de matières nutritives; on voit alors dans la graine une provision de nourriture distincte de la plantule et qu'on appelle l'*albumen*; toutes les graines n'ont pas d'albumen.

Classification des plantes. — Pour faciliter l'étude des plantes, on les a classées par groupes plus ou moins étendus : l'espèce, le genre, la famille.

De l'espèce. — Lorsqu'on sème une graine de la plante vulgairement appelée Bouton d'or (voy. Pl. I), on obtient un pied de Bouton d'or semblable à celui qui a produit la graine semée. Les Boutons d'or peuvent ainsi se reproduire indéfiniment par graine, sans se modifier; de plus, tous les pieds de Boutons d'or que l'on peut observer se ressemblent autant entre eux que ceux qui descendent les uns des autres. On est convenu de ranger tous les Boutons d'or dans un même groupe, qui constitue une *espèce*. On pourrait citer beaucoup d'exemples analogues et montrer que les Pommes de terre, les Giroflées, les Pêchers, les Abricotiers forment autant d'espèces différentes.

Une espèce est donc l'ensemble des plantes qui descendent les unes des autres par semis, ou qui se ressemblent autant entre elles que si elles descendaient les unes des autres.

Parmi les plantes qui constituent une même espèce, il s'en trouve quelquefois qui diffèrent légèrement des autres; on dit qu'elles forment une *variété* de cette espèce; c'est ainsi qu'il existe une variété de Bouton d'or dont les feuilles sont divisées en parties beaucoup plus minces que dans les Boutons d'or ordinaires.

Du genre. — Parmi les espèces, il en est qui se ressemblent beaucoup entre elles. Par exemple, les Boutons d'or et les Grenouillettes, qui sont deux espèces différentes, ont cependant des fleurs qui se ressemblent beaucoup. On réunit les espèces qui se ressemblent beaucoup dans un même groupe qu'on appelle un *genre*. Ainsi le Bouton d'or et la Grenouillette font partie du genre *Renoncule*.

Un genre est donc une réunion d'espèces qui se ressemblent beaucoup entre elles.

De la façon de nommer les plantes. — On a donné un nom à chaque espèce et un nom à chaque genre. Lorsqu'on veut désigner une plante, on lui donne deux noms, celui du genre et celui de l'espèce, le nom du genre étant placé le premier.

Ainsi pour désigner le Bouton d'or, on dira : la *Renoncule âcre*, *Renoncule* étant le nom de genre et *âcre* le nom de l'espèce (Bouton d'or est le nom vulgaire de l'espèce); pour désigner la Grenouillette, on dira : la *Renoncule aquatique*, *aquatique* étant le nom d'espèce de la plante vulgairement appelée Grenouillette.

Dans le langage ordinaire on se sert souvent d'un seul mot pour désigner une plante, ce mot étant tantôt le nom de genre, tantôt le nom d'espèce, tantôt un nom vulgaire.

Des familles. — Le nombre des genres est encore très considérable; pour rendre plus facile leur étude, on a réuni dans un même groupe appelé *famille* ceux qui se ressemblent le plus. Ainsi la famille des *Renonculacées* renferme, outre le genre Renoncule, un certain nombre d'autres genres qui ressemblent beaucoup au genre Renoncule; c'est ainsi que le genre Anémone le genre Aconit font partie de la famille des Renonculacées.

Les familles ont été ensuite réunies entre elles en groupes de plus en plus consi-dérables. Enfin toutes les plantes qui ont des fleurs forment *l'embranchement* des *Phanérogames*; les plantes sans fleurs, telles que les Champignons, les Mousses, les Fougères, sont des *Cryptogames*. L'ensemble des Phanérogames et des Cryptogames constitue le *règne végétal*[1].

1. Dans l'ouvrage très sommaire que nous présentons au Public sous le titre de *Nos Fleurs*, on trouvera les plantes rangées par familles. Le nom qui est en tête de chaque description de plante est celui qui est employé le plus ordinairement. A la suite de ce nom viennent les noms français du genre et de l'espèce; puis, entre parenthèses, se trouvent les noms latins du genre et de l'espèce, et enfin, s'il y a lieu, les noms vulgaires.

PLANTES MÉDICINALES ET VÉNÉNEUSES

1° Renonculacées

1. Renoncule; RENONCULE ACRE (*Ranunculus acris*), vulg. *Bouton d'or*, *Bassin d'or*. La *Renoncule âcre* est une plante herbacée, de trente à soixante-dix centimètres de haut, très commune dans toute la France; elle pousse dans les prairies humides et sur la lisière des bois.

Elle est vivace, et produit, chaque printemps, des tiges qui portent des fleurs et meurent avant l'hiver. Il ne reste plus alors de la plante qu'une tige souterraine ou *rhizome* muni de nombreuses racines; c'est sur ce rhizome

Fig. 1. — Fleur de Renoncule vue par-dessus.

Fig. 2. — Fleur de Renoncule vue par-dessous.

Fig. 3. — Fleur de Renoncule coupée verticalement par le milieu pour montrer les étamines E, et le pistil P.

que pousseront les tiges aériennes de l'année suivante. Tandis que le rhizome est court, épais, incolore, et ne porte que de petites écailles brunes, la tige aérienne est longue, mince, verte, et porte de grandes feuilles *alternes*, dont le limbe est profondément découpé.

1. Du latin *Ranunculus* (petite grenouille); certaines espèces de Renoncules vivent, comme les grenouilles, dans les endroits marécageux; on appelle vulgairement *Grenouillette*, la Renoncule aquatique.

La corolle de la fleur (fig. 1) est formée de cinq *pétales* (A) d'un jaune doré et brillant. Au-dessous des pétales on voit une petite couronne (fig. 2) formée de cinq *sépales* verts (B) constituant le *calice*. Au milieu de la fleur (fig. 3) se trouve le *pistil* (P), formé d'un grand nombre de *carpelles* surmontés, chacun, d'un *stigmate*. Entre le pistil et la corolle on voit un grand nombre d'*étamines* (E).

Les fleurs sont solitaires à l'extrémité des rameaux.

Lorsque la fleur est fanée, chaque carpelle forme un petit fruit qui ne renferme qu'une graine et se dessèche lorsqu'il est mûr ; les fruits de cette sorte ont reçu le nom d'*akène*.

La Renoncule âcre peut être prise comme type de la famille des *Renonculacées*. Nous verrons que la fleur des Renonculacées peut avoir des formes très différentes ; mais on y retrouve toujours de nombreuses étamines fixées sur le sommet même du pédoncule, c'est-à-dire sur le *réceptacle* de la fleur.

La Renoncule âcre est très vénéneuse dans toutes ses parties vertes. Les bestiaux se gardent bien de la brouter.

Il y a un grand nombre d'autres Renoncules ; les unes ont des fleurs jaunes, semblables à celles de la Renoncule âcre ; elles sont toutes très vénéneuses ; les autres ont des fleurs blanches ; ce sont des plantes aquatiques qui flottent à la surface de l'eau : elles ne sont pas dangereuses.

Fig. 4. — Renoncule aquatique.

Parmi les Renoncules à fleurs blanches, citons seulement la *Renoncule aquatique* ou *Grenouillette* (fig. 4). Cette plante est intéressante par les formes différentes que peuvent prendre ses feuilles. Développées dans l'air ou à la surface de l'eau, les feuilles ont un limbe peu découpé ; développées dans l'eau, au contraire, elles sont découpées en fines lanières et réduites en quelque sorte à leurs nervures, comme on peut le voir à la partie inférieure de la figure 4.

Il faut aussi mentionner la *Renoncule des Alpes*, à fleurs blanches, qui vit dans les pâturages et les lieux humides de nos plus hautes montagnes.

2. Ficaire ; FICAIRE FAUSSE-RENONCULE (*Ficaria Ranunculoïdes*), vulg.
Petite Éclaire, *Petite Chélidoine*. Le nom de Ficaire donné à cette plante
vient de ce que ses racines sont renflées en petits tubercules que les
anciens botanistes ont comparés à des figues.

La Ficaire est très commune ; on la trouve en
abondance de mars en mai dans les endroits humides
ou ombragés, dans les bois et les buissons.

La tige, ordinairement couchée sur le sol, ne
dépasse pas vingt centimètres et se dessèche en hiver ;
les racines renflées sont alors les seules parties de la
plante qui restent vivantes.

Fig. 4. — Feuille de Ficaire
avec un bourgeon (b); limbe (l).

Les feuilles, d'un vert foncé, parfois tachées de
noir à la face supérieure du limbe (l), sont supportées par un long
pétiole.

Les fleurs sont d'un beau jaune et solitaires à l'extrémité des pédoncules.

La Ficaire diffère de la Renoncule par son calice à trois sépales et sa
corolle qui a de sept à neuf pétales allongés ; les
graines de Ficaire germent difficilement, mais, en revanche, l'espèce peut se propager par de singuliers organes
qui forment pour ainsi dire des *boutures* naturelles : ce
sont de petits *bourgeons blanchâtres* (b), situés à
l'aisselle des feuilles (fig. 5 ; chacun de ces bourgeons
se détache et peut donner une nouvelle plante.

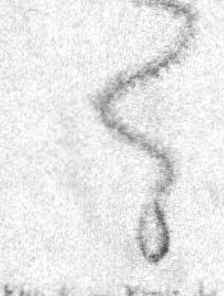

Fig. 5. — Fruit de Cléma-
tite surmonté du style couvert
de poils.

La Ficaire est vénéneuse pour les bestiaux.

Les feuilles fraîches de Ficaire sont *antiscorbutiques*
et *antiscrofuleuses*.

On retire de la Ficaire une substance appelée *ficarine* qui est utilisée
dans certaines préparations pharmaceutiques.

3. Clématite ; CLÉMATITE VIGNE-BLANCHE (*Clematis vitalba*), vulg.
Herbe aux gueux. C'est une plante grimpante qui croît le long des haies et
s'attache aux arbustes des bois.

La fleur n'a qu'un calice coloré en blanc et qu'on pourrait prendre pour une corolle ; les carpelles sont nombreux et surmontés chacun d'un *style* couvert de poils. Les styles persistent sur le fruit même (fig. 6) et forment cette masse cotonneuse qui décore d'une façon si éclatante les massifs de Clématite.

Les pétioles ont la singulière propriété de s'enrouler autour des autres plantes (fig. 7). C'est de cette façon que la Clématite grimpe. L'adhérence des pétioles enroulés est telle qu'on ne peut arracher un rameau de Clématite sans briser en même temps une partie des branches auxquelles il est attaché.

Pendant l'hiver les feuilles tombent, mais les pétioles qui sont enroulés autour du support ne tombent pas et continuent à soutenir la tige.

Les feuilles contiennent une substance vénéneuse qui irrite la peau et peut produire des altérations profondes. Au moyen âge, les mendiants se faisaient ainsi des plaies peu dangereuses qui faisaient croire à des maladies graves ; de là le nom vulgaire d'*herbe aux gueux* donné à cette plante.

On cultive dans les jardins plusieurs espèces de Clématite dont le calice coloré en bleu, violet ou rose est un bel ornement pour les tonnelles.

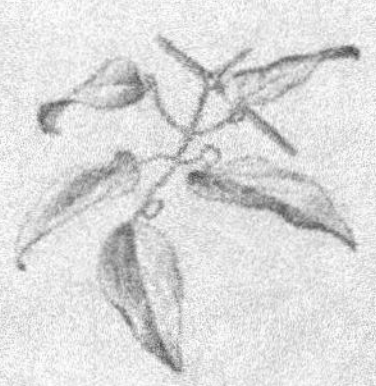

Fig. 7. — Feuille de Clématite.

4. Anémone ; ANÉMONE SYLVIE (*Anemone nemorosa*). L'Anémone Sylvie est une des premières fleurs qui viennent, après l'hiver, égayer les clairières des bois et les futaies de nos forêts.

C'est une plante vivace dont la tige souterraine est très développée. Chacune des branches de cette tige se prolonge au printemps par un rameau qui sort de terre et se termine par une fleur. Il arrive ainsi que plusieurs tiges fleuries, indépendantes en apparence, sont réunies par leurs parties souterraines.

On reconnaît l'Anémone Sylvie à sa fleur formée de six sépales d'un blanc rosé, qu'on voit au sommet d'une mince tige portant seulement trois feuilles insérées au même point ; il n'y a pas de corolle.

Cette plante sert à fabriquer certains médicaments employés pour

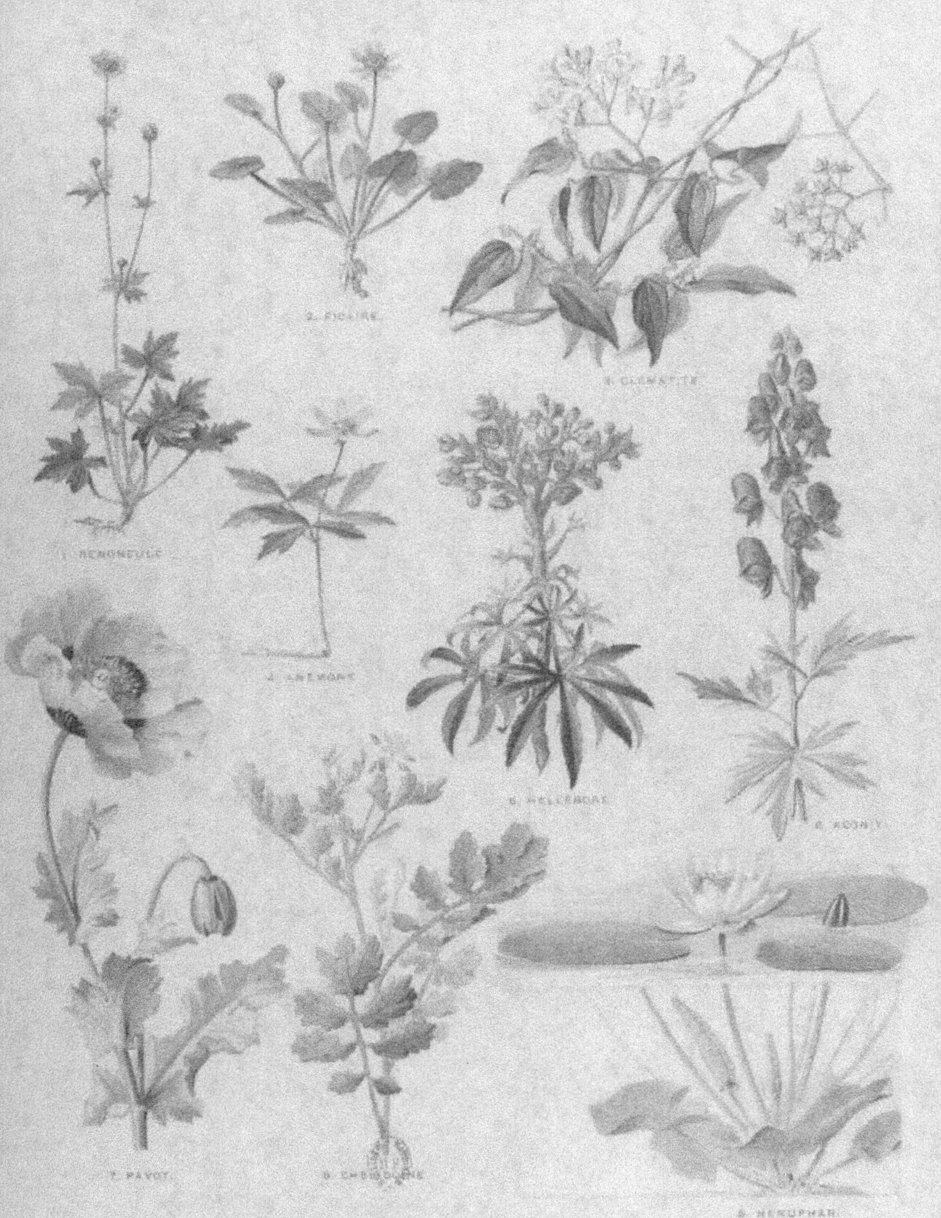

1. RENONCULE
2. FICAIRE
3. CLÉMATITE
4. ANÉMONE
5. HELLÉBORE
6. ACONIT
7. PAVOT
8. CHÉLIDOINE
9. NÉNUPHAR

combattre les rhumatismes, mais l'*anémonine*, substance vénéneuse qu'elle renferme, en rend l'emploi très dangereux.

5. Hellébore ; HELLÉBORE FÉTIDE (*Helleborus fœtidus*). C'est pendant l'hiver que fleurissent les Hellébores, d'où le nom de *Rose de Noël* que l'on donne à une espèce cultivée dans les jardins. L'Hellébore fétide se trouve surtout dans les montagnes et sur les coteaux arides.

Les fleurs d'Hellébore doivent leur coloration verte à leurs cinq sépales très développés (*s*, fig. 8) ; les pétales sont réduits à de petits cornets (*p*, fig. 8) cachés dans le calice et renfermant un liquide sucré.

Fig. 8. — Sépale *s* et pétale *p* d'Hellébore.

Dans bien des pays, ce liquide (*nectar*) est la principale source du miel que les abeilles peuvent récolter pendant les belles journées d'hiver.

Les feuilles inférieures ont un long pétiole et un limbe formé de folioles disposées en éventail ; en se rapprochant de la fleur, les feuilles se simplifient peu à peu et se réduisent finalement à leur gaîne qui a la forme d'un sépale (fig. 9). Cet exemple nous montre que les sépales ne sont que des feuilles modifiées qui sont devenues de plus en plus simples.

Les étamines sont nombreuses ; le pistil se compose seulement de trois ou quatre carpelles, mais chacun de ces carpelles renferme plusieurs ovules. Lorsque le fruit est mûr, chaque carpelle s'ouvre par une fente pour laisser sortir les graines.

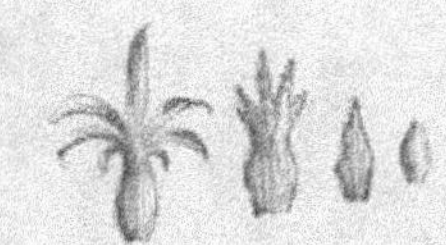

Fig. 9. — Transition entre une feuille et un sépale d'Hellébore.

L'Hellébore est une plante vénéneuse dans toutes ses parties, mais c'est surtout dans la tige souterraine que s'accumule le poison. Dix grammes de cette tige suffisent pour tuer un homme.

Les vétérinaires recommandent souvent l'Hellébore comme remède, mais on ne doit s'en servir qu'avec précaution.

6. Aconit ; ACONIT NAPEL (*Aconitum Napellus*). L'Aconit croît surtout dans les prairies des montagnes et fleurit pendant l'été.

Les fleurs de l'Aconit ont une forme bizarre; leur calice se compose de cinq sépales colorés inégaux : le sépale supérieur, plus grand que les autres, forme une sorte de capuchon qui recouvre la fleur et abrite deux pétales de forme étrange (p, fig. 10). La racine est renflée en forme de cône fig. 11. Chaque année cette racine se flétrit en cédant à la tige les matières nutritives qu'elle renferme. Mais avant de disparaître, elle donne naissance à une nouvelle racine renflée, qui s'enfonce dans la terre et y passe l'hiver pendant que toutes les autres parties de la plante sont mortes. Au printemps suivant, un bourgeon qui se trouve sur cette racine se développe et donne une

Fig. 10. — Fleur d'Aconit dont on a enlevé le calice; p, pétale; é, étamines.

Fig. 11. — Racine d'Aconit; à gauche une nouvelle racine se forme.

nouvelle tige. La plante se perpétue ainsi par la racine renflée qui se renouvelle tous les ans.

De toutes les Renonculacées, l'Aconit est la plus employée en médecine. La racine renferme un alcali organique, appelé *aconitine*, qui est un poison violent. Les autres parties de la plante renferment aussi cette substance; on a même cité, en Suisse, plusieurs cas d'empoisonnement par le miel que les abeilles avaient récolté sur les fleurs d'Aconit.

À très faible dose, l'aconitine peut servir de remède; on l'emploie surtout pour calmer les névralgies.

2° Papavéracées

7. Pavot; PAVOT SOMNIFÈRE (*Papaver somniferum*). En France, le Pavot est cultivé comme plante d'ornement. Dans l'Inde et en Chine, où cette plante a été introduite par les Arabes, on la cultive en grand pour en extraire *l'opium*.

On reconnaît surtout le Pavot à son pistil arrondi, qui porte à sa partie supérieure un disque où se trouvent les stigmates disposés en rayons.

Lorsque le bouton de la fleur s'ouvre, les deux sépales se détachent par leur base (fig. 12). Les fleurs épanouies sont donc sans calice. C'est là un des caractères de la famille des *Papavéracées*, dont le Pavot fait partie.

Le fruit du Pavot renferme dans ses parois un suc blanchâtre qu'on extrait de la façon suivante : un peu avant la maturité, par une journée chaude, on incise la surface du fruit (fig. 13) et l'on voit bientôt perler le long de ces incisions de fines gouttelettes de suc qui ne tardent pas à se solidifier : ce suc constitue

Fig. 12. — Fleur de Pavot s'ouvrant.

Fig. 13. — Fruit du Pavot incisé pour la récolte de l'opium.

l'*opium*. L'opium et les alcaloïdes qu'on en extrait, *codéine*, *morphine*, etc., constituent des médicaments employés comme soporifiques et calmants. A dose trop élevée, l'opium est un poison dangereux.

Une variété du Pavot somnifère connue sous le nom d'*Œillette* est cultivée en grand dans le nord de la France ; ses graines fournissent une huile comestible appelée *l'huile d'œillette*.

Le Coquelicot, si commun dans les champs, appartient aussi au genre Pavot. Le fruit du Coquelicot a la même forme que celui du Pavot, mais il s'ouvre par une série de petits trous qui laissent sortir les graines (fig. 14).

8. Chélidoine; CHÉLIDOINE GRANDE *Chelidonium majus*, vulg. *Grande Éclaire*. Sur les vieux murs et sur les talus, on voit fleurir au printemps cette plante commune près des habitations.

Fig. 14. — Fruit du Coquelicot.

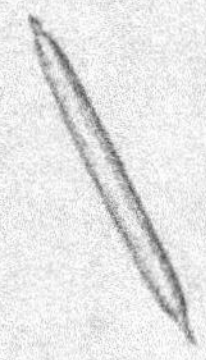

Fig. 15. — Fruit de Chélidoine.

Si l'on coupe une feuille ou une tige de Chélidoine, on voit s'en écouler un suc épais de couleur orangée qui est caractéristique de la plante. La Chélidoine se distingue du Pavot par ses pétales jaunes et son fruit allongé (fig. 15).

C'est surtout à son suc jaune qu'elle doit ses propriétés médicales : mêlé à l'eau, ce suc est employé contre l'inflammation des yeux; à l'état pur on s'en sert pour faire disparaître les verrues, d'où le nom d'*Herbe aux verrues* qu'on donne quelquefois à la Chélidoine.

3° Nymphéacées

9. Nénuphar; NÉNUPHAR BLANC (*Nymphæa alba*). Le Nénuphar appartient à la famille des *Nymphéacées*; c'est une plante qui croît dans les étangs et les cours d'eau à courant peu rapide.

On reconnaît le Nénuphar à ses larges feuilles arrondies qui flottent à la surface de l'eau, et à ses belles fleurs blanches qui lui ont valu le nom de *Lis des étangs*. Sur une fleur de Nénuphar on trouve tous les intermédiaires : 1° entre un sépale vert et un pétale complétement blanc; 2° entre un pétale et une étamine (fig. 16). Cet exemple, souvent cité, montre que les étamines et les pétales sont comme les sépales (g 5) des feuilles modifiées. Les fleurs du Nénuphar s'épanouissent à la surface de l'eau; mais dès que la fleur est fanée, le fruit redescend vers le fond et se décompose, laissant les graines dans la vase où elles peuvent germer.

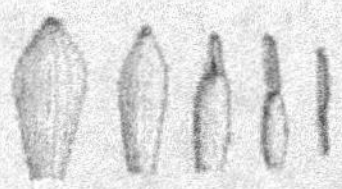

FIG. 16. — Transition entre un pétale et une étamine de Nénuphar.

Les feuilles sont portées par une tige enfoncée dans la vase; cette tige, grosse et charnue, renferme en abondance des matières nutritives et notamment de la fécule. Le limbe des feuilles s'étale à la surface de l'eau; cela tient à la curieuse propriété qu'a le pétiole de s'allonger jusqu'à ce que le limbe soit arrivé au contact de l'air. On a vu ainsi dans des eaux profondes des pétioles atteindre plusieurs mètres de longueur.

La fécule qu'on extrait de la tige peut remplacer la farine de lin; en médecine on l'employait autrefois comme calmant.

On trouve aussi dans les étangs une autre espèce de Nénuphar dont les fleurs sont jaunes et les feuilles plus petites que celles du Nénuphar blanc; c'est le *Nénuphar jaune*.

4° Hypéricinées

10. Millepertuis ; Millepertuis perforé *(Hypericum perforatum)*. Le Millepertuis fleurit au commencement de l'été ; on en trouve de nombreuses touffes sur la lisière des bois et le long des chemins.

Les tiges, dressées verticalement, se terminent par un joli bouquet de fleurs d'un jaune vif. Dans chaque fleur (fig. 17), on distingue cinq sépales, cinq pétales jaunes et un grand nombre d'étamines groupées en trois petits bouquets.

Les feuilles, vues par transparence, paraissent criblées d'un grand nombre de petits trous ou *pertuis* (fig. 18) ; c'est à cette particularité que la plante doit son nom de *Millepertuis*.

Fig. 17.
Fleur de Millepertuis.

Fig. 18.
Feuille de Millepertuis.

Les petites cavités qui donnent cette apparence de perforation sont remplies d'une essence produite par la plante elle-même.

Les fleurs renferment aussi beaucoup de cette essence et lui doivent leurs importantes propriétés médicinales. L'huile d'olive, dans laquelle on a laissé séjourner des fleurs de Millepertuis pendant trois ou quatre semaines, acquiert la propriété de guérir très rapidement les coupures et les blessures.

5° Malvacées

11. Mauve ; Mauve silvestre *(Malva silvestris)*. La Mauve est une plante très commune. Depuis le printemps jusqu'en automne, on la trouve en fleur presque partout, dans les champs, dans les jardins, le long des chemins.

La fleur est très régulière (fig. 19). La corolle, formée de cinq pétales, est d'une jolie nuance rose violacée.

Les étamines ont une disposition tout à fait spéciale, leurs filets sont tous soudés entre eux, de façon à former un petit tube qui entoure le pistil et le cache presque complètement (fig. 20).

Fig. 19. — Fleur de Mauve vue par dessous.　　Fig. 20. — Fleur de Mauve coupée en long.　　Fig. 21. — Fruit de Mauve.

Le pistil est constitué par dix ou douze carpelles renfermant chacun un ovule.

Lorsque le fruit est mûr, il se divise en autant de parties qu'il y a de carpelles (fig. 21).

La Mauve renferme dans toutes ses parties une sorte de matière mucilagineuse à laquelle elle doit les propriétés adoucissantes qui font employer ses fleurs en infusion.

La Guimauve officinale, dont la racine est aussi très utilisée comme adoucissant, appartient à la famille des Malvacées.

6° Tiliacées

12. Tilleul; TILLEUL SILVESTRE (*Tilia silvestris*). Le Tilleul est un bel arbre qui est cultivé dans les jardins comme plante d'ornement et se rencontre dans la plupart de nos bois.

Les fleurs apparaissent au mois de juin; elles répandent, surtout vers le soir, une odeur des plus agréables; les abeilles les recherchent beaucoup et viennent y puiser un nectar très sucré avec lequel elles font un excellent miel. Aussi devrait-on multiplier les plantations de Tilleul là où les ruches sont nombreuses.

Les bractées qui accompagnent la fleur du Tilleul ont une disposition tout à fait spéciale; elles sont soudées sur une partie de leur longueur avec le pédoncule qui porte la fleur. Les fleurs (fig. 22) renferment cinq sépales, cinq pétales, un grand nombre d'étamines et un pistil dont l'ovaire est divisé en plusieurs loges.

Fig. 22. — Fleur de Tilleul.

Les fleurs desséchées servent à faire de la tisane, employée pour combattre les migraines, les indigestions et d'autres malaises.

7° Géraniacées

13. Géranium; GÉRANIUM HERBE-A-ROBERT (*Geranium Robertianum*). Le Géranium Herbe-à-Robert fleurit au printemps ; c'est une plante très commune sur les vieux murs, le long des chemins, dans les bois.

Le Géranium Herbe-à-Robert est facile à reconnaître, même en l'absence des fleurs. Les feuilles, élégamment découpées, sont souvent d'une couleur rougeâtre et exhalent, lorsqu'on les froisse, une odeur fort désagréable. Les fleurs (fig. 23), de couleur violacée, souvent prises comme type des fleurs régulières, se composent de cinq sépales, cinq pétales, dix étamines, et cinq carpelles renfermant chacun un ovule.

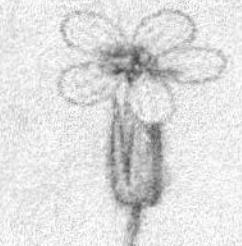

Fig. 23. — Fleur de Géranium.

Les cinq carpelles soudés entre eux sont remarquables par la longueur de leurs styles, qui forment une petite colonne au-dessus de l'ovaire.

Pendant que le fruit se développe, les styles ne se flétrissent pas comme dans les autres plantes, mais durcissent au contraire et jouent un rôle très intéressant au moment de la maturité (fig. 24). On voit alors se détacher à partir de la base du fruit cinq petites baguettes qui se recourbent et restent réunies vers la partie supérieure du style (fig. 25). Chacune de ces baguettes entraîne à son extrémité inférieure une partie du fruit renfermant une graine qui peut alors sortir de son enveloppe et tomber sur le sol.

C'est sous l'influence de la sécheresse que se produisent ces curieux mouvements. Si l'on met dans l'eau ou dans l'air humide un fruit ainsi ouvert, les cinq baguettes se déroulent aussitôt et reprennent leur forme primitive. Dans l'air sec, le mouvement d'enroulement peut se produire de nouveau, et ainsi de suite. Le fruit du Géranium pourrait servir d'*hygromètre* pour mesurer le degré d'humidité de l'atmosphère, les cinq baguettes s'enroulant d'autant plus que l'air est plus sec.

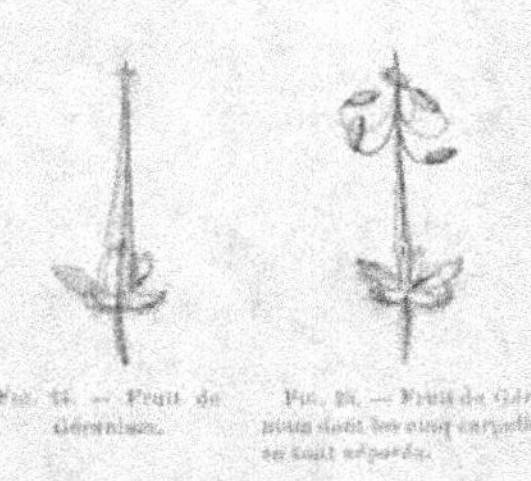

Fig. 24. — Fruit de Géranium.

Fig. 25. — Fruit de Géranium dont les cinq carpelles se sont séparés.

Le Géranium Herbe-à-Robert était autrefois très employé en médecine; on s'en servait pour cicatriser les blessures et guérir les maux de gorge; le nom d'*Herbe-à-l'esquinancie* qu'on donne quelquefois à la plante atteste cet usage.

C'est à tort qu'on donne le nom de Géranium à certaines plantes cultivées dans les jardins. Ces plantes sont des *Pélargoniums*, et diffèrent des Géraniums par leur fleur irrégulière ne renfermant que sept étamines.

8° Ombellifères

14. Fenouil; FENOUIL COMMUN (*Foeniculum vulgare*). Le Fenouil pousse sur les coteaux arides; on le cultive en grand, surtout dans le midi de la France et en Italie.

Les feuilles du Fenouil sont grandes et découpées en fines lanières; lorsqu'on les froisse entre les doigts, elles exhalent une odeur très agréable, qui permet de les reconnaître facilement. Cette odeur est due à une huile

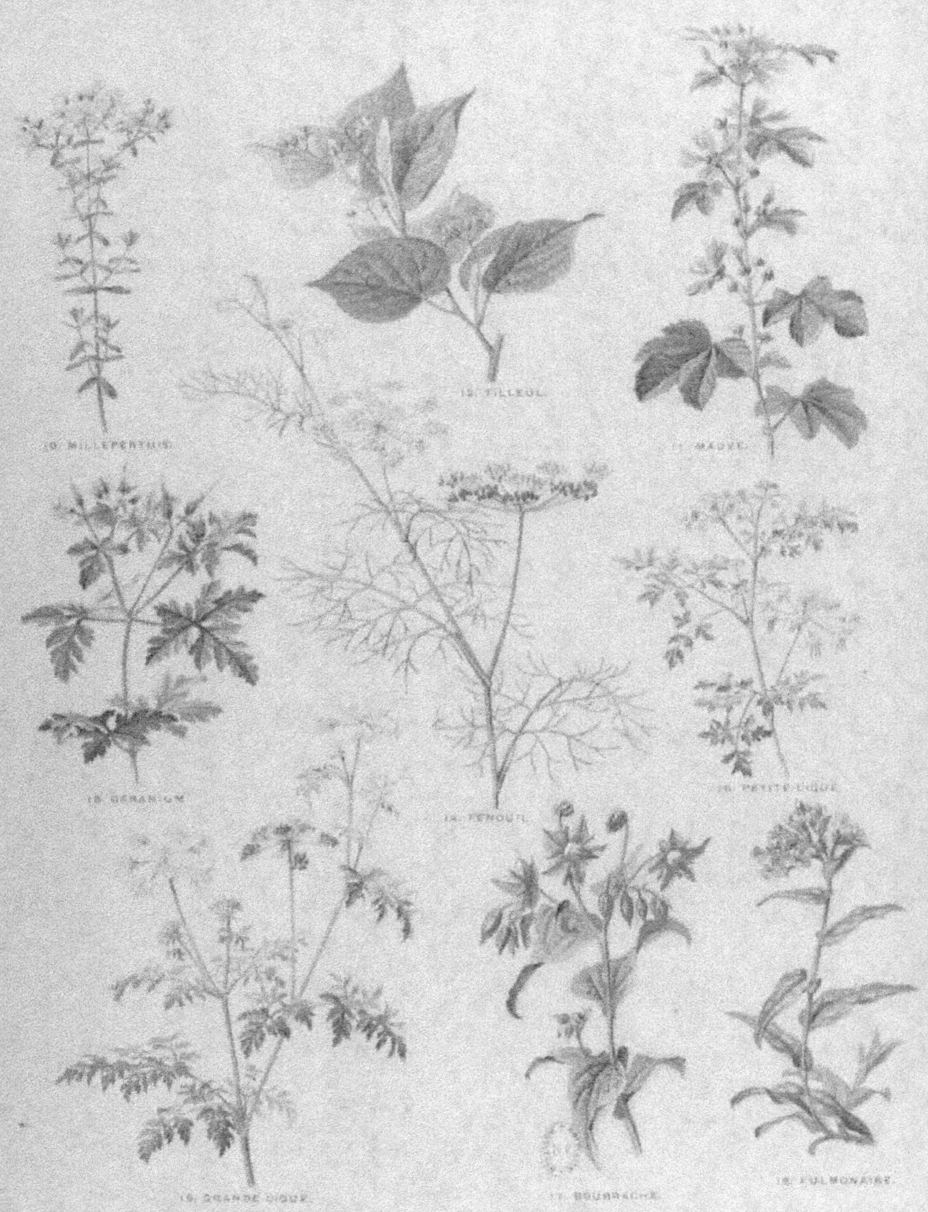

NOS FLEURS par M. LECLERC DU SABLON.   Pl. II.   ARMAND COLIN & Cⁱᵉ Éditeurs

essentielle, renfermée dans de petits canaux (fig. 26), qui sillonnent les feuilles, les tiges et même les racines.

Les fleurs sont réunies en *ombelles*; il en est de même dans presque toutes les plantes de la famille des *Ombellifères* comme l'indique leur nom. Le calice

Fig. 26. — Canal contenant de l'huile (vu au microscope).   Fig. 27. — Fleur de Fenouil coupée en long.   Fig. 28. — Fruit de Fenouil.   Fig. 29. — Fruit de Fenouil dont les deux parties se sont séparées.

est à peine visible, la corolle est formée de cinq pétales et les étamines sont au nombre de cinq. Le pistil est formé de deux carpelles soudés entre eux; mais nous voyons (fig. 27) que l'ovaire est au-dessous du calice et de la corolle, et non pas au-dessus, comme dans les fleurs que nous avons examinées jusqu'ici. Lorsque le fruit est mûr (fig. 28), il se divise en deux parties (fig. 29) renfermant chacune une graine.

C'est surtout à l'huile qu'ils renferment que les fruits du Fenouil doivent leurs propriétés. En médecine, on emploie les infusions de fruits de Fenouil pour stimuler les fonctions de l'estomac. L'huile qu'on extrait des fruits est employée en parfumerie. En Allemagne, on mêle quelquefois au pain des graines de Fenouil qui le rendent plus digestif.

15. Grande Ciguë; CIGUË TACHETÉE (*Conium maculatum*). La grande Ciguë se rencontre à peu près dans toute la France; c'est une grande plante, haute de plus d'un mètre, qu'il est utile de savoir reconnaître, car elle renferme dans presque toutes ses parties un poison dangereux.

Fig. 30. — Tige de grande Ciguë.

Les feuilles, d'un vert grisâtre, sont très grandes et divisées en nombreuses folioles à bord denticulé; lorsqu'on les froisse entre les doigts, elles dégagent une odeur désagréable. Les tiges, creuses à l'intérieur, portent surtout à leur partie inférieure des taches violacées (fig. 30), qui ont valu à la plante le qualificatif de *tachetée*.

Les anciens connaissaient les propriétés dangereuses de la Ciguë. On sait que chez les Grecs, les condamnés à mort devaient boire une liqueur fabriquée avec la Ciguë. C'est de cette façon que mourut Socrate. L'empoisonnement par la Ciguë se manifeste par un engourdissement général suivi de la mort.

Cette action assoupissante de la Ciguë est utilisée en médecine; prise à petite dose, la Ciguë a été employée comme calmant.

16. Petite Ciguë; ÉTHUSE CELERI-DES-CHIENS (*Æthusa Cynapium*). La petite Ciguë se trouve souvent dans les jardins où elle se mêle aux plantes

Fig. 31. — Feuille de Persil.   Fig. 32. — Feuille de petite Ciguë.

cultivées, ou encore près des habitations, partout où se trouvent des décombres ou des démolitions.

La petite Ciguë ressemble beaucoup au Persil; cette ressemblance a même été la cause de nombreux accidents, car les feuilles de la petite Ciguë renferment un poison très violent. Il est donc indispensable de savoir reconnaître sûrement un pied de cette plante dangereuse qui aurait poussé malencontreusement dans une culture de Persil.

Les feuilles du Persil (fig. 31) ont des folioles larges et divisées incomplètement en lobes peu effilés; celles de la petite Ciguë (fig. 32

sont composées de folioles plus pointues et plus profondément divisées. Quand la petite Ciguë est en fleur, on la reconnaît très facilement à ses ombelles, qui portent en dessous trois bractées allongées (fig. 33) et pendantes, formant l'involucre, tandis que le Persil a un involucre formé de nombreuses petites folioles dressées.

Fig. 33. — Ombelle de petite Ciguë.

Les fleurs sont blanches et non d'un jaune verdâtre, comme celles du Persil.

L'empoisonnement par la petite Ciguë se manifeste par une sorte de vertige suivi d'assoupissement; on le combat ordinairement avec des vomitifs.

9° Borraginées

17. Bourrache; BOURRACHE OFFICINALE (*Borrago officinalis*). La Bourrache croît fréquemment dans les champs, dans les jardins, dans les lieux incultes, et fleurit ordinairement en mai et en juin; ses feuilles sont couvertes de poils et rudes au toucher, comme dans la plupart des *Borraginées*.

Examinons les fleurs, nous y reconnaîtrons les caractères de la famille des *Borraginées*; le calice est formé de cinq sépales verts, et la corolle de cinq pétales bleus disposés en

Fig. 34.
Fleur de Bourrache.

Fig. 35.
Fleur de Bourrache coupée en long.

étoile (fig. 34). Si nous essayons d'arracher un pétale, nous arrachons en même temps toute la corolle. C'est que les pétales sont soudés entre eux par leur base, la corolle est *gamopétale*. Les étamines, au nombre de cinq, ont un filet très court (fig. 35) et sont fixées sur la corolle; les anthères, colorées en noir, se réunissent de façon à former une petite colonne au milieu de la fleur.

Le pistil (fig. 36) a une forme tout à fait spéciale. L'ovaire est constitué par quatre petits mamelons disposés en carré et du milieu desquels part un style terminé par un stigmate (fig. 36) qui persiste sur le fruit (fig. 37).

Fig. 36. — Pistil de Bourrache.

Fig. 37. — Fruit de Bourrache.

La Bourrache est une des plantes les plus employées dans la médecine populaire, comme sudorifique. Les fleurs desséchées servent à faire une infusion qu'on recommande surtout aux personnes enrhumées. L'infusion de Bourrache est d'ailleurs agréable à boire, et plusieurs médecins pensent qu'elle pourrait très bien remplacer le thé.

18. Pulmonaire ; PULMONAIRE OFFICINALE (*Pulmonaria officinalis*).

La Pulmonaire est une plante qui fleurit au premier printemps dans les taillis encore sans feuilles, où ses fleurs violettes se mêlent à celles des Primevères et des Anémones.

On la reconnaît à ses feuilles vertes portant çà et là quelques taches grises. Les fleurs ont la même organisation que celles de la Bourrache, mais les pétales sont soudés sur presque toute leur longueur et forment une sorte de tube (fig. 38), au lieu d'être étalés en étoile.

Fig. 38. — Fleur de Pulmonaire.

Les fleurs, d'abord rouges, se colorent plus tard en bleu violacé. Cela tient à ce que le suc de la fleur, qui était d'abord acide, devient alcalin ; la matière colorante de la corolle est en effet rouge dans un milieu acide et bleu dans un milieu alcalin. Pour s'en convaincre, on n'a qu'à mâcher une fleur rouge de Pulmonaire ; la salive, qui est alcaline, la fait bientôt devenir bleue.

Les feuilles et les fleurs sont quelquefois employées comme adoucissants. C'est à tort que les anciens attribuaient à la Pulmonaire la propriété de guérir les maladies des poumons.

10° Solanées

19. Belladone; ATROPA BELLADONE *(Atropa Belladona).* — La Belladone est une grande plante vivace; elle croît dans les bois et commence à fleurir vers la fin du printemps.

La tige de la Belladone, très ramifiée, porte de larges feuilles simples, d'un vert pâle. La fleur (fig. 39), d'un aspect livide, comprend cinq sépales, cinq pétales soudés entre eux et cinq étamines, comme dans la famille des Borraginées. La corolle, d'un brun jaunâtre, forme un gros tube évasé

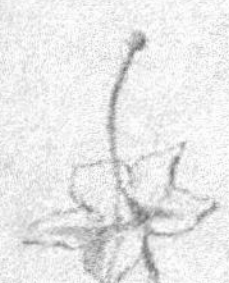
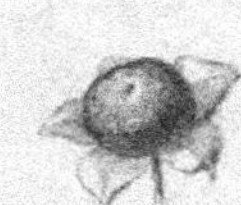

Fig. 39. — Fleur de Belladone.   Fig. 40. — Pistil de Belladone.   Fig. 41. — Fruit de Belladone.

à sa partie supérieure. C'est surtout par le pistil que la fleur de la Belladone et des *Solanées* en général se distingue de celle des Borraginées. L'ovaire (fig. 40) est formé d'une seule masse portant le style à sa partie supérieure, et non de quatre parties comme dans la Bourrache. Le fruit (fig. 41) est charnu; c'est une baie noire, à peu près de la grosseur d'une cerise et entourée par un calice persistant.

Il faut bien se garder de se laisser tromper par cette ressemblance et de manger le fruit de la Belladone.

C'est, en effet, un poison redoutable qui a causé la mort de bien des enfants, assez imprudents pour en goûter.

L'empoisonnement par la Belladone, accompagné d'ivresse et de délire, se reconnaît à un signe tout particulier : la pupille, c'est-à-dire la partie noire qui se trouve au centre de l'œil, se dilate dès que le poison a commencé à agir. Les oculistes utilisent cette propriété et ordonnent la Belladone à petite dose, afin de dilater la pupille pour faciliter certaines opérations.

On emploie aussi la Belladone pour combattre les convulsions et prévenir certaines maladies, telles que la fièvre scarlatine et la coqueluche.

En ayant soin de prendre une dose convenable de Belladone, on peut, sans grand danger, approcher des personnes atteintes de ces maladies contagieuses.

Autrefois, une eau extraite de la Belladone était employée, en Italie, pour entretenir la blancheur du teint; de là vient le nom de Belladone (*Bella dona*, belle dame) qui a été donné à la plante.

20. Douce-amère; MORELLE DOUCE-AMÈRE (*Solanum Dulcamara*). — La Douce-amère est une plante grimpante, abondante dans les buissons et dans les haies.

Lorsque la Douce-amère pousse isolée, sa tige n'est pas assez forte pour se maintenir verticale et rampe sur la terre. Mais dans le voisinage d'autres plantes, la Douce-amère s'enroule autour des tiges plus fortes que les siennes, et s'en sert comme de tuteurs pour s'élever souvent à une grande hauteur.

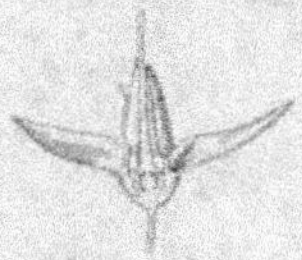

Les fleurs, dans leur forme générale, rappellent celles de la Bourrache (fig. 42); elles ont une corolle violette, dont les cinq pétales s'épanouissent en forme d'étoile. Les étamines, réunies par leurs anthères, présentent une particularité tout à fait singulière: elles ne s'ouvrent pas par deux fentes comme les anthères ordinaires, mais par deux petits trous situés à l'extrémité supérieure de l'anthère (fig. 43). Le fruit est une petite baie rouge et ovale.

Fig. 42. — Fleur de Douce-amère coupée en long.

Fig. 43. — Anthère de Douce-amère.

La tige de la Douce-amère entre dans la composition de quelques médicaments destinés à combattre les rhumatismes et la goutte. Les enfants des campagnes mâchent quelquefois ces tiges en guise de réglisse; la saveur en est d'abord amère, mais devient bientôt douce et agréable : c'est là l'origine du nom de Douce-amère.

21. Datura; DATURA STRAMOINE (*Datura Stramonium*), vulgairement : *Pomme épineuse*. — Le Datura est une plante annuelle, dont la hauteur dépasse souvent un mètre. On le trouve fréquemment dans le voisinage des habitations et particulièrement au milieu des décombres. Le Datura, originaire de l'Amérique du Nord, s'est rapidement répandu dans toute l'Europe.

On reconnaît facilement cette plante à ses grandes feuilles d'un vert clair, et surtout à ses belles fleurs blanches, en forme de long cornet plissé (fig. 44), qui répandent une odeur agréable.

La fleur a la même structure que celle de la Bella-done, mais le fruit est très différent; il est coloré en vert et porte sur ses parois un grand nombre d'épines très pointues : de là le nom de *Pomme épi-neuse* donné au Datura.

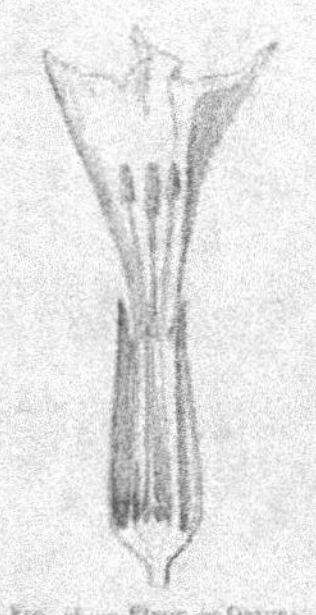
Fig. 44. — Fleur de Datura coupée en long.

Lorsque ce fruit est mûr, il se dessèche et s'ouvre par quatre fentes (fig. 45) pour laisser sortir les graines. Le fruit du Datura est donc une *capsule* et non une baie comme ceux de la Belladone et de la Douce-amère.

Le Datura était autrefois très employé par les sorciers : c'est une plante dangereuse. Toutefois la médecine l'utilise encore fréquemment : on en fait fumer aux asthmatiques les feuilles, roulées comme celles du tabac.

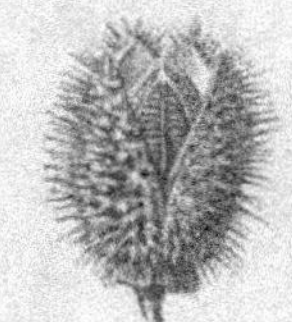
Fig. 45. — Fruit de Datura s'ouvrant par quatre fentes.

22. Jusquiame; JUSQUIAME NOIRE (*Hyoscyamus niger*). — La Jusquiame est une plante herbacée qui, comme le Datura, semble se plaire particulièrement au milieu des décombres.

L'aspect général de la Jusquiame a quelque chose de triste; ses feuilles velues, d'un vert gris, exhalent une odeur désagréable; les fleurs (fig. 46) disposées en grappe serrée, ont une corolle jaunâtre, bizarrement rayée de violet. Mais c'est dans le fruit que nous trouverons le meilleur caractère distinctif de la Jusquiame.

À la maturité, la partie supérieure du fruit se détache comme un couvercle de marmite (fig. 48), et les graines peuvent ainsi facilement sortir. Ce mode d'ouverture du fruit, si spécial, sert à distinguer la Jusquiame de toutes les autres Solanées.

La Jusquiame mérite bien, autant par son aspect que par ses propriétés, la mauvaise réputation dont elle jouit; ses feuilles, que les moutons et les

Fig. 46. — Fleur de Jusquiame.

Fig. 47. — Fruit de Jusquiame coupé en travers.

Fig. 48. — Fruit de Jusquiame s'ouvrant par un couvercle.

bœufs peuvent cependant manger impunément, sont pour l'homme un poison mortel; il est même imprudent de s'endormir sur l'herbe à côté d'un pied de Jusquiame : il peut en résulter de très forts maux de tête; l'iode est recommandé comme contrepoison de la Jusquiame.

Les pêcheurs peu scrupuleux utilisent les propriétés vénéneuses de la Jusquiame; ils en jettent dans l'eau des feuilles hachées, et bientôt les poissons empoisonnés viennent surnager.

11ᵉ Scrofularinées

23. Digitale; DIGITALE POURPRE (*Digitalis purpurea*). — La Digitale est une des plus belles plantes de nos bois. On la trouve à la fin du printemps surtout dans les terrains sableux, presque jamais dans les terrains calcaires.

La tige de la Digitale atteint quelquefois un mètre de hauteur sans se ramifier. La partie inférieure porte de larges feuilles simples et la partie

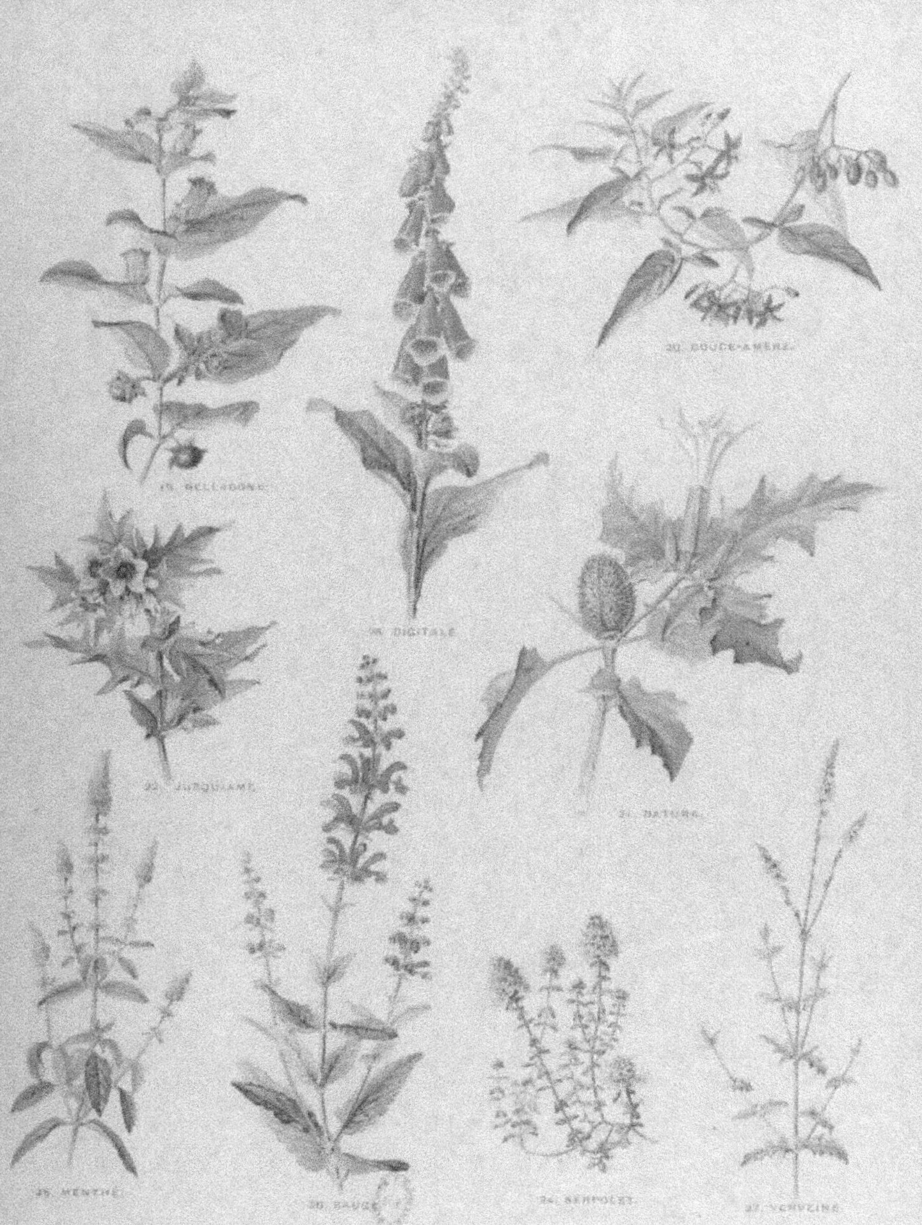

NOS FLEURS par M. LECLERC DU SABLON. Pl. III. ARMAND COLIN & Cie Éditeurs

supérieure est couverte de belles fleurs d'un rose foncé. Le calice (fig. 49) a cinq sépales inégaux ; la corolle, élégamment tigrée à l'intérieur, a la forme d'un doigt de gant ; de là le nom de Digitale ou *Gant de Notre-Dame* donné à la plante.

La fleur de la Digitale et des *Scrofularinées* en général est donc irrégulière, et non pas régulière comme celle des Solanées.

Les étamines sont seulement au nombre de quatre et de longueur inégale ; deux sont un peu plus longues que les autres. Enfin le pistil est, comme chez les Solanées, formé de deux carpelles soudés entre eux ; chacune des loges de l'ovaire renferme un grand nombre d'ovules. Le fruit est une capsule qui s'ouvre à la maturité par deux fentes.

Fig. 49. — Fleur de Digitale.

La Digitale est une plante vénéneuse ; les animaux semblent prévenus du danger qu'il y aurait pour eux à y toucher, car ils la respectent lorsqu'ils la rencontrent dans les bois.

Dans l'empoisonnement par la Digitale, les mouvements du cœur sont ralentis et finissent par s'arrêter complètement, amenant ainsi la mort.

On a utilisé en médecine cette propriété ; administrée à dose convenable, la Digitale sert pour ralentir les mouvements du cœur, trop précipités chez certains malades, et pour calmer la fièvre.

La Digitale, lorsqu'elle est cultivée comme plante d'ornement dans les jardins, perd presque complètement ses propriétés médicinales.

12ᵉ Labiées

24. Serpolet; THYM SERPOLET (*Thymus serpyllum*). — Le Serpolet est une petite plante très commune le long des chemins et dans les lieux incultes.

Quoique le Serpolet soit de taille très petite et dépasse rarement vingt centimètres de hauteur, sa tige est très dure et peut vivre un grand nombre d'années.

Les feuilles du Serpolet sont opposées comme dans toutes les plantes de la famille des *Labiées*.

Examinons une de ces petites fleurs roses (fig. 50 et 51), si nombreuses vers le sommet de certaines tiges.

Le calice est irrégulier, formé de cinq sépales inégaux. De même la corolle est composée de cinq pétales inégaux et soudés entre eux; les deux pétales supérieurs sont soudés sur presque toute leur longueur et forment ce qu'on appelle la lèvre supérieure de la corolle; les trois pétales inférieurs s'écartent de la lèvre supérieure pour former la lèvre inférieure; la corolle est donc

Fig. 50. — Fleur de Serpolet vue de face.

Fig. 51. — Fleur de Serpolet vue de côté.

Fig. 52. — Pistil du Serpolet.

à deux lèvres; c'est ce qui a valu le nom de *Labiées* aux plantes de la famille du Serpolet.

Les étamines sont au nombre de quatre; il y en a deux plus grandes que les autres.

Le pistil (fig. 52) a la même structure que celui des Borraginées; nous y distinguons un ovaire formé de quatre petites masses renfermant chacune un ovule.

Le Serpolet est utilisé en médecine comme apéritif et stimulant.

Le Thym vulgaire, qui croît dans le midi de la France, a une grande ressemblance avec le Serpolet; il est très employé comme assaisonnement culinaire; l'huile essentielle qu'on en extrait entre dans la composition d'un grand nombre de parfums.

25. Menthe; MENTHE POIVRÉE (*Mentha piperata*). — La Menthe poivrée est cultivée dans les jardins comme plante aromatique.

C'est une plante facile à reconnaître à ses feuilles qui répandent, quand on les froisse, une odeur forte et caractéristique.

Les fleurs, petites et d'un lilas pâle, forment de petits bouquets serrés dans la partie supérieure des tiges.

La Menthe diffère des autres Labiées par la forme de sa corolle qui paraît formée de quatre pétales égaux ; les deux pétales de la lèvre supérieure sont en effet soudés entre eux et semblent n'en former qu'un, égal à chacun des trois pétales de la lèvre inférieure.

La Menthe poivrée est très employée en médecine ; les infusions faites avec ses feuilles facilitent la digestion et stimulent les personnes affaiblies.

On trouve dans les champs de nombreuses espèces de Menthe, telles que la Menthe verte, la Menthe à feuilles rondes, la Menthe aquatique, etc.

26. Sauge ; SAUGE DES PRÉS (*Salvia pratensis*). — La Sauge des prés pousse naturellement dans presque toute la France. C'est une des plus jolies plantes que l'on trouve au printemps dans les prairies.

Les tiges et les feuilles de la Sauge sont recouvertes d'un duvet qui donne à la plante un aspect blanchâtre.

Les fleurs se trouvent au nombre de trois ou quatre, au-dessus de chaque feuille de la partie supérieure de la

Fig. 53. — Fleur de Sauge.   Fig. 54. — Étamine de Sauge.

tige ; leur corolle bleue est nettement formée de deux lèvres (fig. 53).

À l'intérieur de la corolle, nous ne voyons que deux étamines et non quatre comme chez la plupart des autres Labiées ; encore chacune de ces étamines ne porte-t-elle à son sommet qu'une seule loge (fig. 54) au lieu de deux ; la seconde loge est remplacée par une petite lame que l'on voit au bas de la figure 53.

La Sauge des prés est bien moins employée que la Sauge officinale, espèce voisine, dont les propriétés ne sont cependant pas plus efficaces. Les anciens considéraient la Sauge officinale comme une des plantes les plus utiles à l'homme.

Aujourd'hui encore on l'emploie en médecine, notamment pour faciliter la digestion.

D'autres espèces de Sauge jouissent des mêmes propriétés que la Sauge officinale, sans cependant avoir une odeur aussi agréable. Telles sont : la Sauge Hormin qui croît dans le midi ; la Sauge sclarée, dont les fleurs sont plus pâles et un peu plus petites.

13° Verbénacées

27. Verveine; VERVEINE OFFICINALE (*Verbena officinalis*). — La Verveine officinale est une plante très commune, que l'on rencontre au printemps et en été sur le bord de tous les chemins.

Au premier abord, on pourrait prendre la Verveine pour une Labiée : ses fleurs sont en effet irrégulières ; la corolle violette est formée de cinq pétales disposées en deux lèvres, et les étamines sont au nombre de quatre, dont deux plus grandes que les autres.

C'est surtout par la structure du pistil que la Verveine se distingue des Labiées. En enlevant la corolle et en écartant les lobes du calice, nous voyons, en effet, un pistil formé de quatre carpelles soudés entre eux, avec un seul style fixé à la partie supérieure de l'ovaire. De plus, les fleurs de la Verveine sont disposées en épi sur de longues tiges dépourvues de feuilles développées ; enfin les feuilles qui sont à la partie supérieure d'une tige de Verveine sont rangées sans ordre, tandis que chez les Labiées, les feuilles sont toujours opposées.

La Verveine était une plante vénérée par les Druides, qui lui attribuaient les propriétés les plus merveilleuses ; maintenant on ne l'emploie plus que dans la médecine populaire. En faisant cuire les feuilles écrasées dans du vinaigre, on en fait des cataplasmes qui calment les douleurs rhumatismales.

La Verveine contient une huile essentielle qui est fort employée dans la fabrication de certains parfums.

14° Composées

28. Bleuet; CENTAURÉE BLEUET (*Centaurea Cyanus*). — Le Bleuet est une plante annuelle très répandue dans les blés, où elle fleurit au commencement de l'été.

Les tiges du Bleuet sont minces et allongées, ses feuilles étroites et grisâtres, ses fleurs d'un bleu vif.

Examinons les fleurs en détail; nous allons leur trouver une structure très intéressante. D'abord, ce qui au premier coup d'œil paraît être une fleur est en réalité une réunion de fleurs, serrées les unes contre les autres et formant un *capitule* (fig. 55), une *fleur composée*, suivant l'expression courante ; vers sa base, le capitule est entouré de petites bractées brunes qui constituent l'*involucre*.

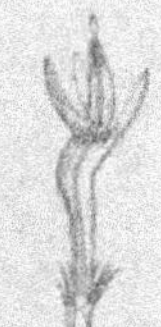

FIG. 55. — Capitule du Bleuet.   FIG. 56. — Fleur du centre du capitule du Bleuet.   FIG. 57. — Fleur du Bleuet coupée en long.   FIG. 58. — Fruit de Bleuet.

Prenons une fleur vers le milieu du capitule et examinons-la de près (fig. 56). A la partie inférieure on voit une petite masse allongée, blanchâtre : c'est l'ovaire qui, comme dans toutes les *Composées*, est à la partie inférieure de la fleur ; au-dessus de l'ovaire, il y a une rangée de poils raides : c'est ce qui représente le calice. Cette aigrette de poils entoure la corolle formée de cinq pétales soudés entre eux et constituant un tube allongé.

Fendons la corolle en long (fig. 57), et nous verrons cinq étamines dont les filets s'attachent isolément sur la corolle et dont les anthères sont soudées entre elles de façon à former un tube traversé par le style. L'ovaire, qui ne renferme qu'une seule graine, se transforme en un petit fruit sec, ou *akène*, couronné par l'aigrette du calice (fig. 58).

Examinons maintenant une fleur du bord du capitule; la corolle est beaucoup plus grande; il n'y a pas d'étamines, et le pistil très réduit ne se transforme jamais en fruit. Ces fleurs ne servent donc à rien, on peut dire que ce sont des fleurs d'ornement.

Le Bleuet entre dans la composition d'un médicament pour les yeux, mais c'est une plante de moins en moins employée en médecine.

29. Absinthe; Armoise absinthe (*Artemisia Absinthium*). — L'Absinthe pousse dans les lieux incultes, surtout dans les pays de montagnes. On la cultive aussi dans les jardins; c'est une plante vivace dont la hauteur dépasse ordinairement 50 centimètres.

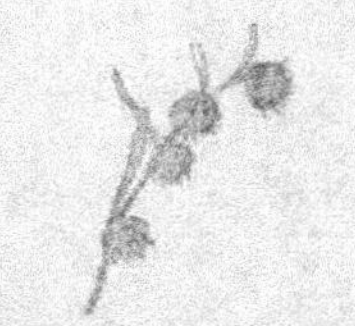

Fig. 39. — Capitules de l'Absinthe.

Les feuilles de l'Absinthe, irrégulièrement découpées, sont d'un vert blanchâtre en dessus et blanches en dessous; elles répandent une odeur agréable; la tige porte un grand nombre de petits capitules jaunâtres (fig. 39). Si nous ouvrons l'un des capitules pour en examiner les fleurs à la loupe, nous retrouverons, en miniature, l'organisation des fleurs du Bleuet.

L'Absinthe est ordinairement cultivée comme plante aromatique. En médecine, on l'emploie quelquefois pour combattre la fièvre. Mais l'Absinthe est surtout employée pour la fabrication de la liqueur appelée *absinthe*. Bien fabriquée et prise avec modération, cette liqueur ne serait pas dangereuse; mais l'absinthe vendue dans le commerce renferme, sous forme d'essences, de véritables poisons qui en rendent l'usage funeste.

30. Arnica; Arnica des montagnes (*Arnica montana*). — L'Arnica est une plante qui fleurit en été et pousse seulement, à une certaine altitude, sur les montagnes; dans les jardins botaniques, on a beaucoup de peine à la conserver; elle est très difficile à cultiver.

Les feuilles de l'Arnica sont ovales et forment une rosette à la base de la tige; le long de la tige elle-même, on ne voit qu'une ou deux paires de feuilles opposées et beaucoup plus petites que celles de la base. Les capitules, peu nombreux, sont composés de jolies fleurs d'un jaune vif.

Une fleur du centre du capitule (fig. 60) a la même forme qu'une fleur de Bleuet; la corolle est en tube et à cinq dents.

Les fleurs qui sont sur le pourtour du capitule (fig. 61), au contraire, ont une tout autre forme; la corolle n'est en tube qu'à la base seulement; à sa partie supérieure, elle a la forme d'une petite lame plane, qu'on pourrait prendre pour un seul pétale. On donne aux fleurs qui ont une corolle ainsi constituée le nom de *fleurs en languette*, par opposition aux *fleurs en tube*.

Fig. 60. — Fleur du centre du capitule de l'Arnica (fleur en tube).

Fig. 61. — Fleur du pourtour du capitule de l'Arnica (fleur en languette).

Dans un capitule d'Arnica, nous voyons donc deux sortes de fleurs : 1° au centre, des fleurs en tube, semblables aux fleurs de Bleuet; 2° tout autour, des fleurs en languette.

L'Arnica jouit d'une grande réputation dans la médecine populaire. Les capitules servent à la fabrication d'une teinture employée contre les contusions; avec l'alcool, dans lequel ces capitules ont séjourné pendant quelques temps, on frotte les parties du corps atteintes et la douleur disparaît rapidement. Il ne faut pas toutefois en faire usage quand il y a plaie, coupure ou gerçure.

31. Camomille; CAMOMILLE ROMAINE (*Anthemis nobilis*). La Camomille est une plante annuelle qui pousse dans les champs et le long des chemins; on la cultive aussi dans les jardins; ses fleurs sont employées en médecine.

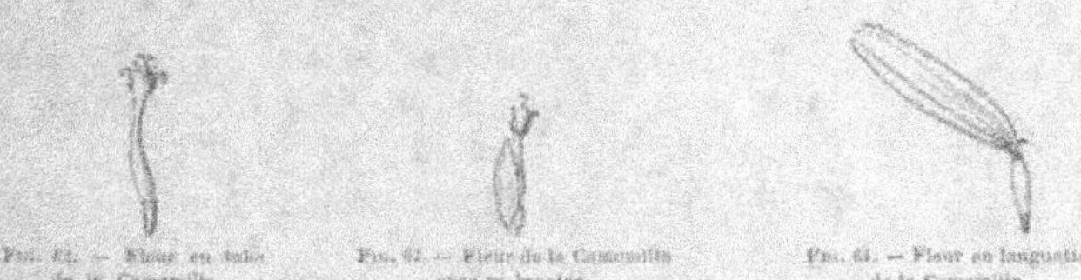

Fig. 62. — Fleur en tube de la Camomille.

Fig. 63. — Fleur de la Camomille avec sa bractée.

Fig. 64. — Fleur en languette de la Camomille.

Les feuilles de la Camomille sont découpées; les tiges sont ramifiées et chaque branche se termine par un capitule. Dans un capitule de Camomille, nous voyons, comme dans l'Arnica, des fleurs de deux sortes : au centre, de petites fleurs en tube (fig. 62 et 63) dont la corolle est jaune; tout autour, des fleurs en languette plus grandes (fig. 64), dont la corolle est blanche.

Si nous coupons un capitule, nous voyons entre les fleurs de petites paillettes dont la forme ovale caractérise la Camomille romaine. Dans les autres espèces de Camomilles, la fleur ressemble beaucoup à la fleur de la Camomille romaine, mais les paillettes ont une forme différente.

Les capitules de la Camomille sont très employés pour faire des infusions recommandées comme digestives et fébrifuges.

15° Euphorbiacées

32. Euphorbe; Euphorbe Épurge (*Euphorbia Lathyris*). — L'Euphorbe Épurge est une grande plante qui croît dans les lieux pierreux et qu'on cultive parfois dans les jardins.

Si l'on coupe une feuille ou un rameau de l'Euphorbe, on en voit sortir un suc blanc et épais semblable à du lait ; c'est ce qu'on appelle le *latex*. Tous les Euphorbes renferment du latex, mais on reconnaît facilement l'Euphorbe Épurge à ses feuilles opposées et à sa tige longue et dressée.

Les fleurs d'Euphorbe ont une organisation tout à fait spéciale (fig. 65). Le calice est formé par quatre petits sépales jaunâtres, en forme de croissant, que nous distinguons facilement. Il n'y a pas de corolle. A l'intérieur du calice se trouvent un grand nombre d'étamines (fig. 66).

Fig. 65. — Fleur de l'Euphorbe.

Fig. 66. — Fleur de l'Euphorbe réduite aux étamines et au pistil.

Le pistil, formé de trois carpelles soudés entre eux, est porté sur un long pédoncule et paraît sortir de la fleur. L'ovaire se transforme en une capsule qui, en se desséchant, éclate avec une certaine violence et projette les graines de tous les côtés.

Les graines de l'Euphorbe Épurge fournissent une huile employée en médecine. Le latex est recommandé pour guérir les verrues. L'Euphorbe Épurge était autrefois plus employé qu'aujourd'hui ; Charlemagne en prescrivait même la culture aux communautés religieuses.

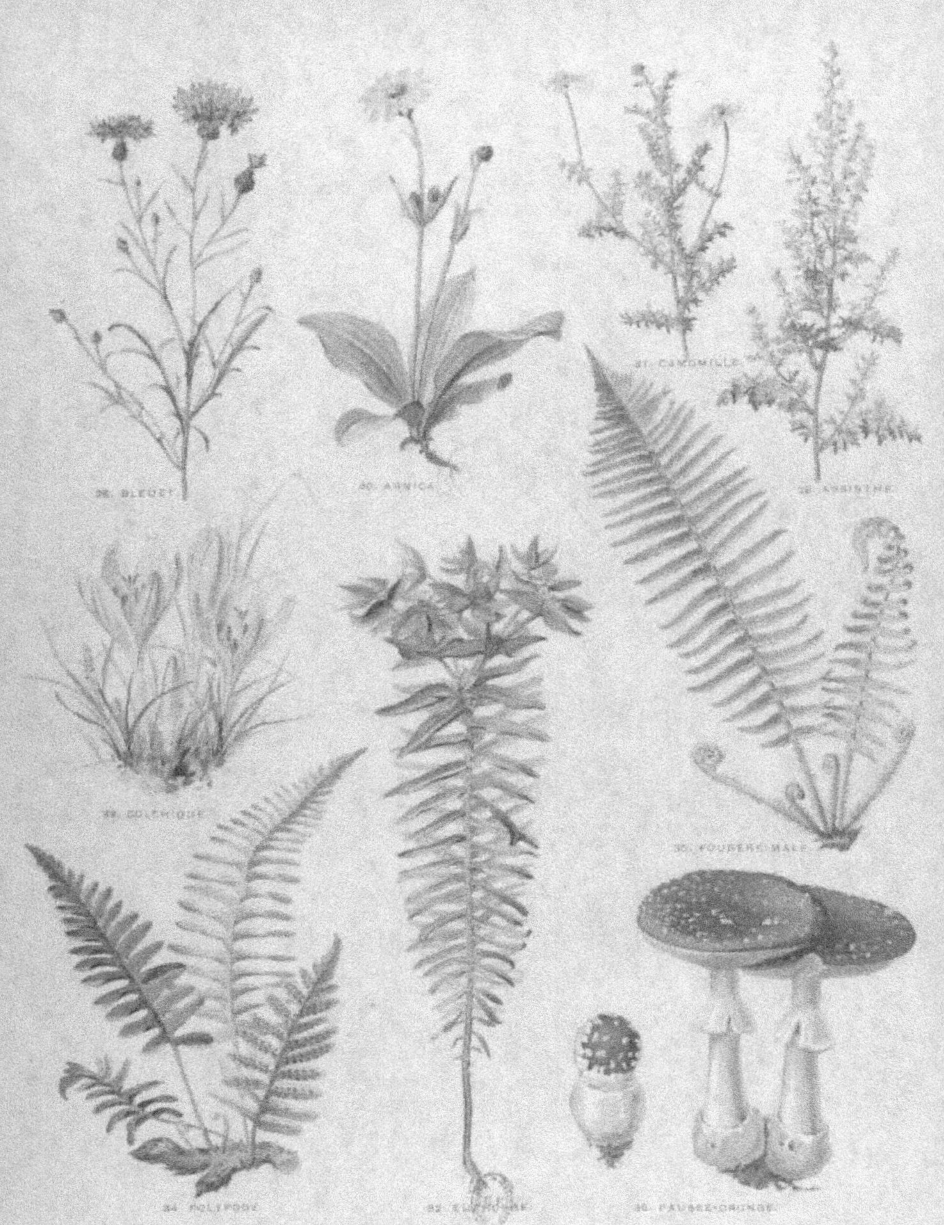

NOS FLEURS par M. Leclerc du Sablon   Pl. IV.   ARMAND COLIN & Cie Éditeurs

16ᵉ Colchicacées

33. Colchique; COLCHIQUE D'AUTOMNE *(Colchicum autumnale)*. — Le Colchique est une plante vivace dont les belles fleurs violettes émaillent en automne les prairies humides.

Les fleurs du Colchique sortent de terre sans être accompagnées de feuilles; chacune d'elles est formée de six pétales soudés entre eux par leur partie inférieure qui plonge dans la terre.

En déracinant un pied, nous voyons que la fleur est portée par une tige souterraine très courte et renflée en un tubercule d'où partent de nombreuses racines.

L'ovaire, situé au fond de la corolle, au-dessous du niveau du sol, se prolonge par un style très allongé et terminé par trois stigmates que l'on peut voir, de l'extérieur, au milieu des six étamines.

Ce n'est qu'au printemps suivant que les graines et le fruit mûrissent. Du bulbe part alors un bouquet de longues feuilles vertes qui apparaissent à la surface du sol (fig. 67). La tige s'allonge rapidement et soulève le fruit hors de terre.

Lorsque les graines sont mûres, elles s'échappent du fruit par trois larges fentes (fig. 68).

Fig. 67. — Pied de Colchique en feuilles et en fruit.

Fig. 68.
Fruit de Colchique ouvert.

Le Colchique est très dangereux pour les animaux; c'est une plante à détruire dans les pâturages. En médecine, le tubercule et les graines ont été employés pour combattre la goutte et les rhumatismes.

17° Fougères

34. Polypode ; POLYPODE VULGAIRE (*Polypodium vulgare*). — Le Polypode est une plante très commune dans les bois ; on le trouve surtout au pied des arbres, au milieu des pierres, sur les talus.

Examinons un pied de Polypode déraciné avec soin, nous voyons que les feuilles seules s'élèvent au-dessus du sol, la tige tout entière est souterraine et porte un certain nombre de racines minces. Jamais cette plante n'a de fleurs, c'est donc une plante Cryptogame ; mais puisqu'il n'y a ni fleurs ni graines, comment donc s'effectue la reproduction ? Comment de nouveaux pieds de Polypodes peuvent-ils prendre naissance ?

Regardons à la loupe la face inférieure d'une feuille, nous y voyons des taches brunes formées d'un amas de petits corps arrondis et fixés à la feuille par un mince pédoncule (fig. 69). Chacun de ces petits corps est un *sporange*

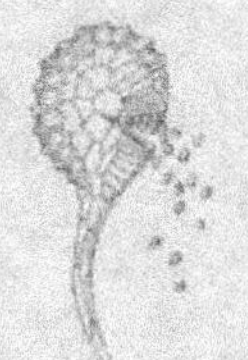

Fig. 69. — Sporange laissant échapper les spores qu'il renferme.

Fig. 70. — Prothalle de Polypode avec anthéridies (*an*) et archégones (*ar*).

Fig. 71. — Prothalle sur lequel pousse un jeune Polypode.

et renferme un certain nombre de grains aussi petits que les grains de pollen, et qu'on nomme des *spores*.

Ce sont les spores qui reproduisent la plante ; semons-les sur la terre humide, nous les verrons bientôt se développer et former, non pas un Polypode semblable à celui que nous venons d'examiner, mais une petite lame verte qu'on nomme le *prothalle* du Polypode (fig. 70).

A la face inférieure du prothalle on distinguerait au microscope des renflements appelés *anthéridies* (*an*. fig. 70), d'où sortent de petits filaments enroulés en spirale et appelés *anthérozoïdes*. Au contact d'une goutte d'eau, les anthérozoïdes entrent en mouvement et se mettent à nager au moyen de petits cils qui leur servent en quelque sorte de nageoires. En même temps que les anthéridies, nous voyons à la face inférieure du prothalle quelques autres organes en forme de bouteille appelés *archégones* (*ar.* fig. 70) et renfermant chacun une petite masse ronde appelée *oosphère*. Si, en nageant, un anthérozoïde vient à entrer dans l'archégone, il se mêle à l'oosphère et la transforme en œuf.

L'œuf s'accroît rapidement et produit une petite plante où l'on distingue bientôt une racine et une feuille (fig. 71). Cette petite plante, en se développant, devient un Polypode, en tout semblable à celui que nous avons examiné d'abord. On voit combien le mode de reproduction du Polypode est compliqué, difficile à étudier, et diffère de celui des Phanérogames.

La tige souterraine du Polypode entre dans la composition de médicaments aujourd'hui peu employés; on la considérait autrefois comme pouvant faciliter les fonctions digestives.

35. Fougère-mâle; POLYSTIC FOUGÈRE-MALE (*Polystichum Filix-mas*). — La Fougère-mâle est une Fougère qui pousse en abondance dans les endroits ombreux et humides; c'est une des plus belles plantes que l'on voie sur le bord des torrents des hautes montagnes, en Auvergne, dans les Alpes, dans les Pyrénées. On en trouve aussi, mais plus rarement, dans les pays de plaines.

Les feuilles de la Fougère-mâle forment une rosette qui surmonte une tige très courte toujours souterraine. Chaque printemps il naît une nouvelle rosette de feuilles, qui se flétrit à la fin de l'automne. La reproduction se fait comme dans le Polypode, mais les sporanges, au lieu d'être découverts, sont cachés par une petite membrane en forme de haricot (fig. 72).

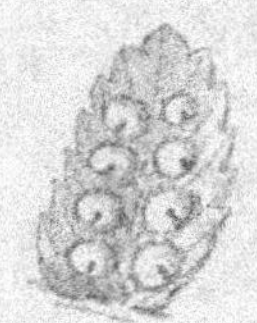

Fig. 72. — Face inférieure d'une foliole de Fougère-mâle montrant les groupes de sporanges à moitié cachés par une petite membrane.

La Fougère-mâle est encore très employée en médecine; on s'en sert surtout pour combattre le ver solitaire; c'est aussi une plante recherchée pour l'ornementation; malheureusement ses feuilles ne durent qu'une saison et se flétrissent pendant l'hiver.

18° Champignons

36. Fausse-Oronge; AMANITE FAUSSE-ORONGE (*Amanita muscaria*). —
On trouve ce Champignon dans les forêts, surtout en été et en automne.

La Fausse-Oronge, comme les autres Champignons d'ailleurs, ne ressemble
à aucune des plantes que nous avons étudiées jusqu'ici. C'est une Cryptogame,
c'est-à-dire une plante sans fleurs, comme le Polypode ; mais on n'y distingue
rien qui ressemble à une tige, à une feuille ou à une racine. La partie supérieure de la Fausse-Oronge forme une sorte de chapeau supporté par un pied qui s'enfonce dans la terre.

En dessous du chapeau sont de petites lames rayonnantes (fig. 73), à la surface desquelles on pourrait distinguer au microscope de tout petits grains. Ce sont les *spores*, organes de la reproduction du Champignon.

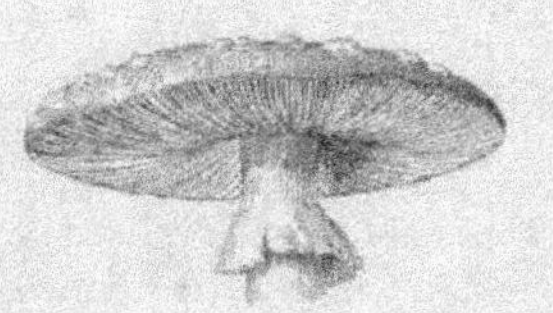

Fig. 73. — Chapeau de la Fausse-Oronge; en dessous on voit les lamelles qui supportent les spores.

Mises dans des conditions convenables, les spores produisent de longs filaments qui se développent sous
terre. Ces filaments, qui forment ce qu'on appelle le *mycelium* du Champignon, peuvent produire à la surface du sol un Champignon formé d'un pied
et d'un chapeau. Ce qu'on appelle ordinairement le Champignon, c'est-à-dire le
pied et le chapeau, ne forme donc en réalité qu'une partie de la plante, le reste
est constitué par le mycelium, qui est souterrain.

La Fausse-Oronge est un Champignon très vénéneux, qui cause de très
nombreux empoisonnements. Il arrive souvent, en effet, que l'on prend la
Fausse-Oronge pour l'Oronge vraie, qui est bonne à manger. Il est donc utile de
savoir distinguer ces deux Champignons qui, au premier abord, se ressemblent
beaucoup. Le chapeau de la Fausse-Oronge est d'un rouge orangé, avec des
taches blanches à la face supérieure; les lamelles de la face inférieure sont
blanches. Dans l'*Oronge vraie*, au contraire, le chapeau est entièrement orangé
à la face supérieure et les lames sont jaunes.

PLANTES ALIMENTAIRES

1° Crucifères

37. Chou; CHOU POTAGER *(Brassica oleracea)*. Le Chou pousse à l'état sauvage sur les bords de la mer, en quelques endroits des côtes de la Manche ; mais c'est alors une plante rabougrie dont les fleurs sont cependant semblables à celles du Chou cultivé.

Examinons une fleur en détail (fig. 74) ; nous y voyons d'abord un calice

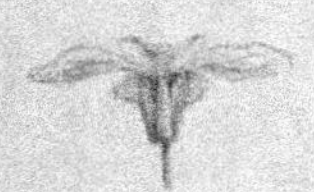

Fig. 74. — Fleur du Chou.

Fig. 75. — Étamines du Chou.

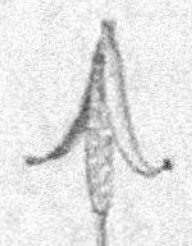

Fig. 76. — Fruit du Chou.

formé de quatre petits sépales d'un vert jaunâtre, complètement libres entre eux. La corolle est formée de quatre pétales jaunes beaucoup plus grands que les sépales, et disposés en croix ; c'est à cette disposition des pétales qu'est dû le nom de *Crucifères* donné à la famille de plantes dont le Chou fait partie.

Les étamines sont au nombre de six, quatre plus grandes disposées par paires, et deux plus petites (fig. 75). Le pistil, mince et allongé, est formé par deux carpelles soudés entre eux sur toute leur longueur. Le fruit mûr se divise en deux parties qui se séparent de bas en haut et laissent à découvert une sorte de cadre sur lequel sont attachées les graines (fig. 76). Ainsi mises à nu, les graines peuvent facilement se détacher et se disséminer.

La culture a profondément modifié le Chou sauvage, et lui a donné les formes les plus diverses. Dans les variétés les plus répandues, le *Chou vert* par exemple (fig. 77), la partie comestible est un énorme bourgeon situé au sommet de la tige et formé de feuilles serrées les unes contre les autres. Dans le *Chou de Bruxelles* (fig. 78), on utilise non le bourgeon terminal, mais de petits bourgeons latéraux qui poussent en grand nombre tout le long de la tige. Dans

Fig. 77. — Chou vert.   Fig. 78. — Chou de Bruxelles.   Fig. 79. — Chou-navet.

le *Chou-fleur*, c'est l'inflorescence qui est bonne à manger. Le *Chou-navet* (fig. 79) a une racine fortement renflée qui sert aux mêmes usages que le navet.

38. Cresson; CRESSON OFFICINAL (*Nasturtium officinale*), vulg. : *Cresson de fontaine*. Le Cresson croît communément, en France, dans les ruisseaux, et partout où se trouve une eau peu profonde et renouvelée.

C'est une plante vivace dont la tige rampante porte un grand nombre de petites racines blanches qui s'enfoncent dans la vase ou restent plongées dans l'eau (fig. 80).

En Allemagne, le Cresson est cultivé depuis très longtemps ; mais c'est seulement au commencement de ce siècle, en 1811, qu'on fit en France, dans les environs de Chantilly, les premiers essais de culture de cette plante. Depuis, l'industrie du Cresson s'est beaucoup développée, surtout aux environs de Paris et dans le nord de la France. Pour obtenir d'abondantes récoltes, on plante le Cresson dans de larges fossés appelés *cressonnières* (fig. 81), où l'on peut à volonté faire arriver de l'eau de source.

On sait que les jeunes pousses de Cresson sont consommées crues, en salade, ou comme assaisonnement à d'autres mets. Le Cresson n'est pas seulement un aliment agréable, c'est aussi un excellent remède préservatif du scorbut. On doit donc, à tous les points de vue, recommander l'usage de cette plante.

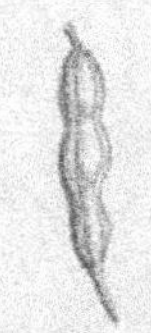

Fig. 80. — Tige arrachée de Cresson avec les petites racines.　　Fig. 81. — Coupe d'une cressonnière.　　Fig. 82. — Fruit de Radis.

39. Radis; RADIS CULTIVÉ (*Raphanus sativus*). Le Radis est une plante annuelle dont la racine très épaisse peut être consommée crue. Si au lieu d'arracher le Radis on le laisse croître pendant toute la saison, on voit la tige s'allonger rapidement et se couvrir de fleurs ; en même temps, la racine se plisse et s'amincit ; les matières nutritives qu'elle renfermait sont employées à former les tiges et les fleurs.

Les fleurs du Radis ont la même constitution que celles des autres Crucifères ; on les reconnaît facilement aux pétales d'un blanc jaunâtre, veinés de violet. Le fruit du Radis (fig. 82) ne s'ouvre pas comme celui du Chou ou du Cresson, mais se divise en plusieurs compartiments renfermant chacun une graine ; en regardant un fruit mûr, on peut distinguer les endroits plus étroits où se fera la division.

2° Capparidées

40. Câprier; CÂPRIER ÉPINEUX (*Capparis spinosa*). Le Câprier est un petit arbrisseau originaire de l'Orient ; c'est de là qu'on l'a importé en Europe, où il s'est très bien acclimaté.

Les tiges du Câprier portent à la base de chaque feuille deux petites épines très pointues (fig. 83). Les fleurs (fig. 84), grandes et blanches, ont à peu près la même structure que celles des Crucifères ; mais les étamines y sont beaucoup plus nombreuses, et l'ovaire, au lieu d'être caché au milieu de la fleur même, est porté par un long pédoncule inséré entre les étamines.

Ordinairement, on ne laisse pas les fleurs s'épanouir ; dès que les boutons de fleurs ont atteint une certaine dimension (fig. 85), on les cueille et on les

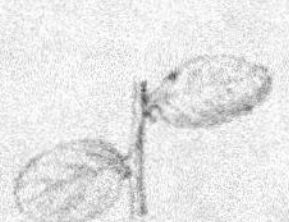

Fig. 83. — Tige du Câprier avec les deux épines de la base des feuilles.
    Fig. 84. — Fleur du Câprier.
    Fig. 85. — Bouton du Câprier.

conserve dans du vinaigre ; ce sont là les *Câpres* qu'on emploie si généralement comme condiment.

Le Câprier est très sensible au froid ; on le cultive surtout dans la région accidentée qui s'étend entre Toulon et Marseille.

3° Ombellifères

41. Persil ; PERSIL CULTIVÉ (*Petroselinum sativum*). Le Persil est une plante cultivée pour ses feuilles qui sont un condiment très employé.

Nous avons vu quels sont les caractères de la famille des Ombellifères dont le Persil fait partie. Le Persil se reconnaît facilement, alors même qu'il n'est pas en fleur ; il suffit de froisser une feuille pour sentir l'odeur caractéristique qui fait rechercher le Persil comme condiment. Le Persil est quelquefois confondu avec la Ciguë, plante très dangereuse ; nous avons vu à propos de la Ciguë comment on pouvait éviter cette confusion.

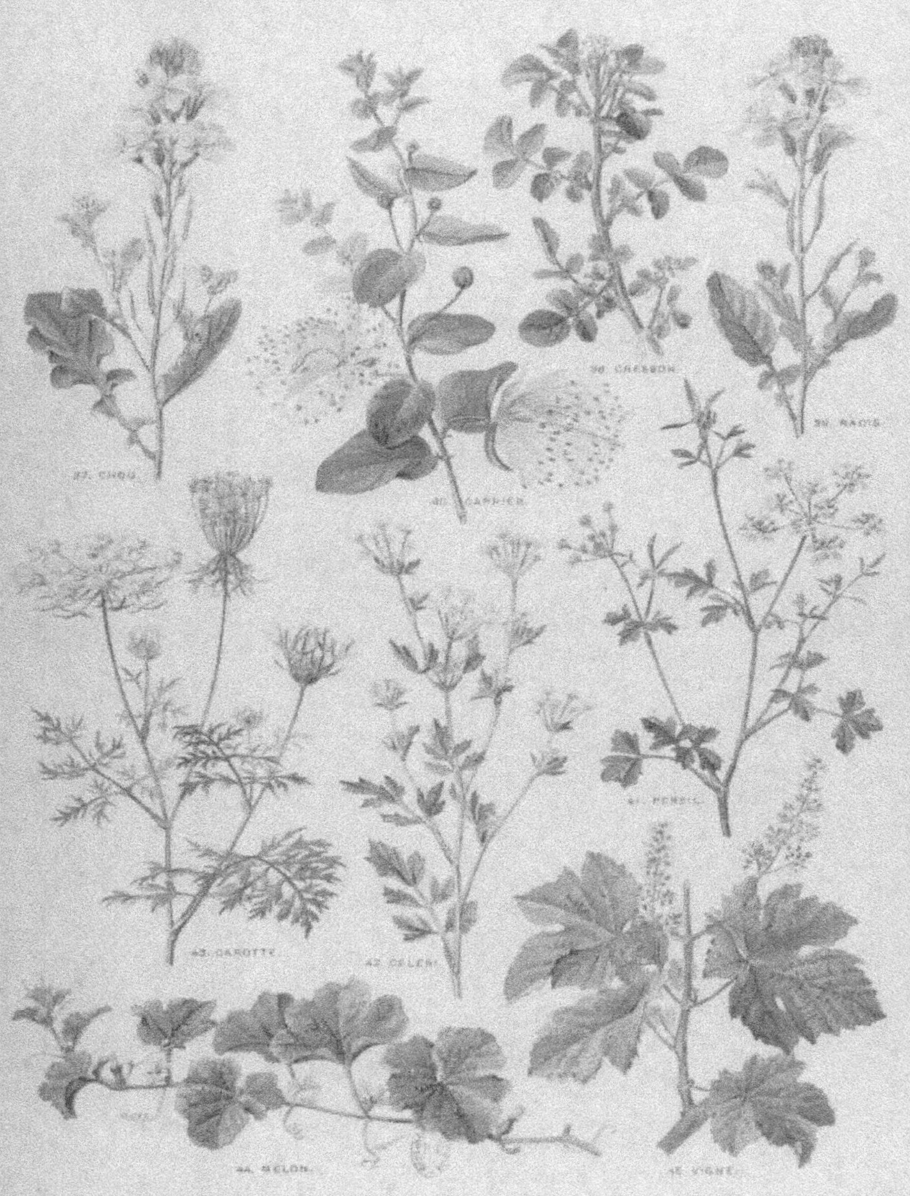

NOS FLEURS par M. LECLERC DU SABLON. Pl. V.   ARMAND COLIN & Cᵗᵉ Éditeurs

En semant le Persil à des époques différentes, on peut en récolter des feuilles pendant toute l'année; mais les gelées d'hiver arrêtent la végétation et peuvent même tuer la plante. En janvier 1891, à la suite de grands froids, le Persil devint si rare que son prix dépassa 200 francs le kilogramme.

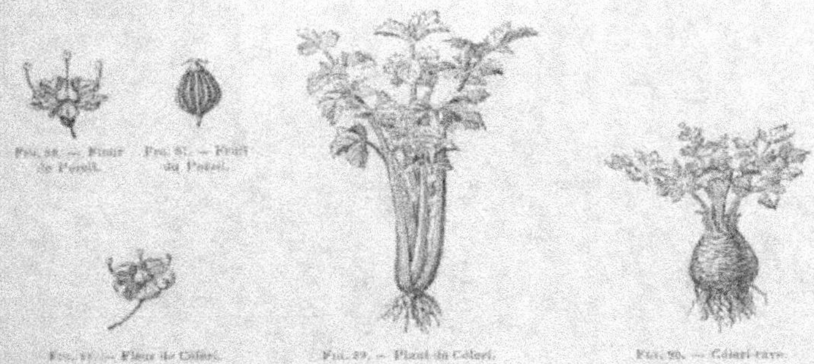

Fig. 86. — Fleur de Persil.   Fig. 87. — Fruit du Persil.

Fig. 88. — Fleur de Céleri.   Fig. 89. — Pied de Céleri.   Fig. 90. — Céleri-rave.

42. Céleri; Céleri odorant (*Apium graveolens*). Le Céleri des jardins n'est qu'une variété d'une plante qui croît spontanément en France, dans les endroits marécageux des bords de l'Océan.

Les feuilles du Céleri sont mangées en salade. Pour enlever au Céleri son goût trop fort qui serait désagréable, on enterre les feuilles quelques semaines avant de les cueillir; grâce à cette opération, les feuilles s'étiolent, blanchissent et acquièrent un goût agréable.

Dans le Céleri ordinaire (fig. 89), les matières nutritives sont accumulées dans les pétioles des feuilles; dans une autre variété appelée *Céleri-rave*, les pétioles restent minces, mais la racine se renfle et forme un gros tubercule comestible (fig. 90).

43. Carotte; Carotte commune (*Daucus Carotta*). La Carotte est une plante bisannuelle cultivée pour sa racine qui est comestible; on la trouve aussi à l'état sauvage le long des chemins, dans les champs incultes; mais alors la racine est mince et ne peut servir d'aliment.

Pendant la première année de sa végétation, la racine de la Carotte acquiert tout son développement (fig. 91). C'est à la fin de cette première année qu'on peut la cueillir pour la consommer. Mais si on la laisse en terre, on voit, pendant la seconde année, la tige s'allonger et les fleurs se former.

Il est facile de reconnaître la Carotte à ses feuilles très divisées, à ses fruits couverts de piquants très nombreux (fig. 92), et surtout aux petites feuilles ramifiées qui forment un involucre à la base de chaque ombelle (fig. 93).

Les racines de Carotte sont très nourrissantes

Fig. 91. — Carotte.   Fig. 92. — Fruit de la Carotte.   Fig. 93. — Ombelle de la Carotte.

à cause de la grande quantité de sucre qu'elles renferment. Dans quelques régions de la France, surtout en Provence, la Carotte est cultivée en grand, et remplace avec avantage l'avoine pour la nourriture des chevaux.

4° Cucurbitacées

44. Melon; CONCOMBRE MELON (*Cucumis Melo*). On n'a jamais trouvé en dehors des cultures une plante qui ressemble au Melon. Il est donc impossible de reconnaître l'origine de cette espèce si généralement cultivée ; on suppose que le Melon a été tellement modifié par la culture qu'on ne peut plus reconnaître la plante sauvage qui lui a donné naissance.

Le Melon est une plante annuelle dont la tige longue et rampante porte de larges feuilles simples. Les fleurs ont cinq sépales verts et cinq grands pétales d'un vert jaunâtre ; dans les unes (fig. 94), on trouve à l'intérieur de la corolle seulement des étamines au nombre de trois; dans les autres (fig. 95), au contraire, il n'y a pas d'étamines, mais trois carpelles dont les stigmates se voient à l'intérieur de la corolle, tandis que les ovaires, soudés entre eux, forment une masse arrondie au-dessous de la fleur. Il y a donc deux sortes de fleurs, les unes à étamines, les autres à pistil. Le fruit connu sous le nom de *Melon* est un aliment très recherché.

Pour donner de bons fruits, les Melons exigent beaucoup de chaleur; aussi est-ce dans les pays chauds, tels que la Provence, que la culture en est la plus facile. Dans le nord de la France, on préserve les jeunes fruits contre le froid

Fig. 94. — Fleur à étamines du Melon.   Fig. 95. — Fleur à pistil du Melon.   Fig. 96. — Melon recouvert d'une cloche.   Fig. 97. — Fruit de la Gourde.

au moyen de cloches en verre (fig. 96); on peut ainsi, même aux environs de Paris, obtenir de bons produits.

La famille des Cucurbitacées renferme encore plusieurs plantes dont les fruits sont comestibles. Les plus connues sont le Cornichon, la Courge, la Pastèque. Citons encore la Gourde, qui est surtout une plante d'ornement; ses fruits mûrs (fig. 97) ont une écorce très dure et sont creux à l'intérieur; après avoir retiré les graines, on peut s'en servir comme de bouteille.

5° Ampélidées

45. Vigne; VIGNE VINIFÈRE (*Vitis vinifera*). La Vigne est un arbrisseau originaire de l'Asie, d'où on l'a importé d'abord en Grèce, puis dans le reste de l'Europe.

Les tiges de la Vigne, longues et minces, ne peuvent se soutenir qu'à l'aide de vrilles (fig. 98) qui s'enroulent solidement autour des corps étrangers.

Au moment de l'épanouissement de la fleur, les pétales se détachent par leur base et tombent (fig. 99). Les fleurs complètement épanouies sont donc dépourvues de corolle (fig. 100). Le fruit de la Vigne est une baie bien connue sous le nom de grain de Raisin.

Tout le monde sait que pour faire du vin, on écrase le Raisin et on

Fig. 98. — Vrilles de la Vigne.

Fig. 99. — Fleur de Vigne. Corolle se détachant au moment de l'épanouissement.

Fig. 100. — Fleur de Vigne complètement épanouie.

le met dans une cuve. Là, sous l'influence de Champignons microscopiques appelés levûres, le sucre qui se trouve en abondance dans le jus du raisin se dédouble en alcool et en acide carbonique ; l'alcool reste dans la cuve et, mélangé à l'eau qui se trouve dans le raisin, constitue le vin. L'acide carbonique qui est un gaz s'échappe en produisant une effervescence semblable à l'ébullition ; aussi dit-on, dans le langage courant, que le jus du raisin *bout*. L'acide carbonique étant irrespirable, il est dangereux de s'approcher des cuves ; on risquerait d'être asphyxié.

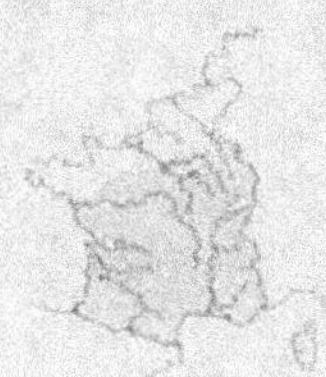

Fig. 101. — Toute la partie teintée indique la région où la Vigne est cultivée.

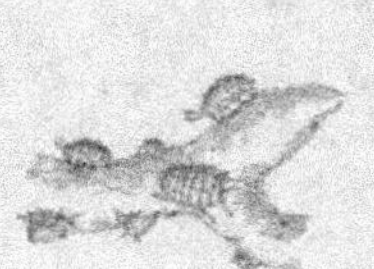

Fig. 102. — Racine de la Vigne envahie par le Phylloxera.

Le climat du midi de la France est celui qui convient le mieux à la Vigne, car les étés y sont à la fois chauds et secs. Les départements du littoral de la Manche sont les seuls où le raisin ne puisse pas mûrir, la chaleur de l'été n'y étant pas suffisante (fig. 101).

La vigne est sujette à de nombreuses maladies ; une des plus désastreuses est le phylloxera, causé par de petits insectes qui envahissent les racines (fig. 102) et amènent ainsi la mort de la plante.

6° Rosacées

46. Pêcher; PÊCHER VULGAIRE (*Persica vulgaris*). Le pêcher est cultivé pour ses fruits connus sous le nom de Pêches. On pense que cet arbre, connu en Perse depuis les temps les plus reculés, fut introduit en Europe par Alexandre le Grand; dans aucun pays on ne le trouve à l'état sauvage.

Les fleurs du Pêcher (fig. 103) s'épanouissent dès le commencement du printemps, avant que les feuilles soient complètement développées. Étudions avec soin la fleur du Pêcher, nous y trouverons les caractères de la famille des *Rosacées*, qui comprend la plupart des arbres fruitiers.

Le calice est formé de cinq petits sépales verts et la corolle de cinq grands pétales roses. Les étamines, en grand nombre, sont insérées sur le calice et

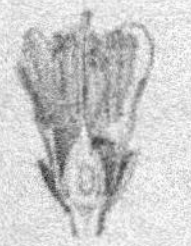

Fig. 103. — Fleur de Pêcher coupée en long.

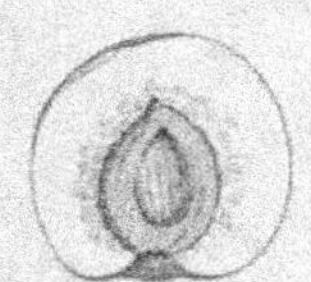

Fig. 104. — Pêche coupée en long.

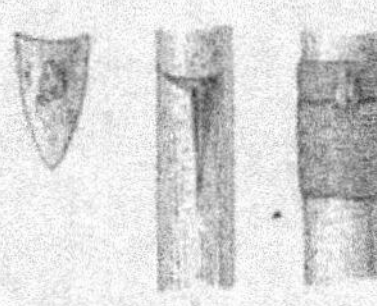

Fig. 105. — Greffe du Pêcher.

non point sur l'extrémité du pédoncule de la fleur ou sur la corolle, comme dans les fleurs que nous avons examinées jusqu'à présent. Les étamines sont nombreuses et insérées sur le calice; c'est un des caractères les plus importants de la famille des *Rosacées*. Au centre de la fleur, il n'y a qu'un seul carpelle, renfermant deux ovules dont l'un se développe en graine.

Les parois du fruit sont formées d'une couche extérieure charnue, qui est la partie comestible de la Pêche, et d'une couche intérieure dure et rugueuse, qui forme le noyau (fig. 104). Nous savons qu'on donne le nom de *drupe* aux fruits tels que la Pêche, dont la partie intérieure est dure, tandis que la partie extérieure est charnue.

Si l'on casse le noyau, on y voit à l'intérieur une graine. Les graines de

Pêcher ont un goût amer spécial dû à l'*acide prussique* qui est un poison; aussi serait-il dangereux de manger un grand nombre de ces graines.

On connaît beaucoup de variétés de Pêchers qui diffèrent entre elles, surtout par les qualités du fruit. Lorsqu'on sème un noyau de Pêche, l'arbre que l'on obtient ne produit pas, en général, des fruits semblables à la Pêche dont on a semé le noyau. Pour conserver les bonnes variétés, on a recours à la greffe (fig. 105). Voici comment on procède :

On détache de l'arbre dont on veut conserver la variété un morceau d'écorce renfermant un bourgeon; ce morceau d'écorce s'appelle le *greffon* (fig. 105 A). Puis, avec un couteau, on fait sur l'arbre que l'on veut greffer une incision en long et une en travers, on soulève l'écorce le long de ces incisions (fig. 105 B), on introduit le greffon entre l'écorce et le bois et on attache le tout solidement avec un lien (fig. 105 C).

Le greffon se soude à l'arbre sur lequel on l'a ainsi transplanté; son bourgeon se développe et donne une tige qui pousse très rapidement. Les fruits produits par cette tige seront semblables à ceux de l'arbre sur lequel on a pris le greffon; on a ainsi propagé une bonne variété qui n'aurait pas pu se reproduire par graines.

Parmi les arbres fruitiers voisins du Pêcher, on peut citer l'Abricotier, qui diffère surtout du Pêcher par ses feuilles plus larges, et par son fruit dont le noyau est lisse au lieu d'être rugueux et dont la chair jaune a une saveur toute spéciale.

Fig. 106. — Feuille de Cerisier.

47. Cerisier; Cerisier des oiseaux (*Cerasus avium*). Le Cerisier existe en France à l'état sauvage; c'est un bel arbre dont la hauteur peut atteindre 20 mètres. On le reconnaît facilement à son écorce lisse et luisante qui se détache par minces bandes transversales. Les feuilles (fig. 106), grandes et ovales, portent, au point de jonction du pétiole et du limbe, deux petites taches brunes caractéristiques; ces taches brunes sont des nectaires, c'est-à-dire de petits organes dans lesquels s'accumule un liquide sucré appelé *nectar*.

Les fleurs sont réunies en ombelles; elles diffèrent surtout des fleurs du Pêcher par la corolle, qui est blanche au lieu d'être rose. Le fruit, connu sous le nom de Cerise (fig. 107), est une petite *drupe* à chair comestible dont le noyau renferme une seule graine.

La Cerise est un fruit très précoce; dès le commencement du mois de mai, les cerises commencent à mûrir dans le midi de la France. On fabrique, avec les Cerises, le kirsch, liqueur alcoolique très recherchée. C'est surtout dans la Forêt-Noire, où les Cerisiers sauvages sont très abondants, que le kirsch est fabriqué en grande quantité.

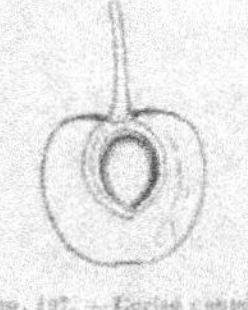
Fig. 107. — Cerise coupée en long.

On distingue deux espèces de Cerisiers :

1° Le *Cerisier des oiseaux* ou Cerisier à fruit doux, dont les fruits ont une saveur sucrée. C'est le seul qui croisse à l'état sauvage; c'est aussi celui dont on connaît le plus grand nombre de variétés cultivées.

2° Le *Cerisier commun* ou Cerisier à fruit acide, qui atteint une taille bien moins élevée que le Cerisier des oiseaux et dont les fruits ont un goût acide très prononcé. Les Cerises de Montmorency, si renommées, sont produites par le Cerisier commun.

Le Prunier ressemble au Cerisier par la structure de ses fleurs, mais on l'en distingue facilement par ses fruits, plus gros et d'un goût différent. On connaît un grand nombre de variétés de Pruniers.

48. Amandier; Amandier vulgaire (*Amygdalus vulgaris*). L'Amandier est un arbre très voisin du Pêcher et du Cerisier. Sa floraison est encore plus précoce que celle du Pêcher; dès le mois de février, les fleurs de l'Amandier s'épanouissent. Cette précocité des fleurs explique pourquoi l'Amandier ne porte jamais de fruits dans le nord de la France, quoiqu'il y

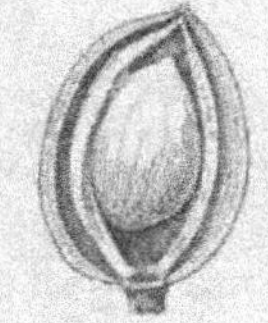
Fig. 108. — Amande coupée en long.

pousse très bien; c'est qu'au moment de la floraison il fait encore trop froid pour que le fruit puisse commencer à se développer. En Provence et sur les bords de la Méditerranée, l'Amandier donne régulièrement des fruits, et encore les dernières gelées de l'hiver détruisent-elles quelquefois la récolte.

L'Amandier se distingue par son fruit des Rosacées que nous avons examinées jusqu'à présent. L'Amande (fig. 108) a d'abord la même structure que la

Pêche, mais, à la maturité, la partie extérieure de l'Amande, au lieu d'être charnue et comestible comme dans la Pêche, durcit, se dessèche et se sépare de la partie dure qui correspond au noyau. Les Amandes qui se trouvent dans le commerce ne sont donc pas le fruit tout entier, mais seulement le noyau. La partie comestible de l'Amande est la graine.

On connaît plusieurs variétés d'Amandes; les unes sont bonnes à manger, ce sont les *amandes douces*; les autres, au contraire, appelées *amandes amères*, ont un goût amer très désagréable dû à la présence de l'acide prussique, qui, on le sait, est un poison violent; on les utilise pour fabriquer une essence appelée *essence d'amandes amères*.

49. Fraisier; Fraisier comestible (*Fragaria vesca*). Le Fraisier est une petite plante vivace très abondante dans certaines forêts. C'est seulement depuis le seizième siècle que le Fraisier est cultivé dans les jardins.

 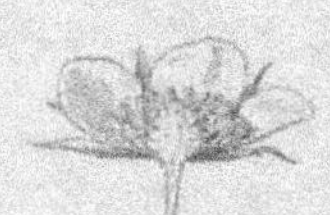 

Fig. 109. — Fleur de Fraisier.   Fig. 110. — Fleur de Fraisier coupée en long.   Fig. 111. — Fraise.

La fleur du Fraisier diffère, par quelques caractères importants, des fleurs de Rosacées que nous venons d'étudier; à l'extérieur du calice se trouve une seconde enveloppe de petites feuilles vertes un peu plus petites que les sépales (fig. 109; la présence de ce calice supplémentaire, appelé calicule, est un des caractères du Fraisier. Les pétales blancs sont au nombre de cinq; les étamines insérées sur le calice sont nombreuses comme chez les autres Rosacées; le pistil, au contraire, comprend, non plus un seul carpelle, mais un grand nombre de petits carpelles distincts les uns des autres (fig. 110).

Lorsque la fleur est fanée, chacun de ces carpelles donne un petit *akène*, c'est-à-dire un fruit sec renfermant une seule graine; mais le réceptacle, sur lequel sont insérés les akènes, se développe beaucoup, devient charnu et constitue la Fraise (fig. 111). La partie comestible n'est donc pas le fruit

NOS FLEURS par M. LECLERC DU SABLON.   PL. VI.   ARMAND COLIN & Cie Éditeurs.

proprement dit, mais l'extrémité du pédoncule floral, ou le réceptacle. On connaît beaucoup de variétés de Fraises cultivées; les plus estimées sont celles qu'on récolte dans les bois, bien qu'elles soient les plus petites.

Pour multiplier le Fraisier, on ne sème pas les graines, on utilise une particularité spéciale de cette plante. La tige qui porte les feuilles est ordinairement très courte; mais, de temps à autre, cette tige produit une branche longue, mince, dépourvue de feuilles, qui se dresse d'abord, puis se recourbe et vient toucher terre, de façon à former une sorte

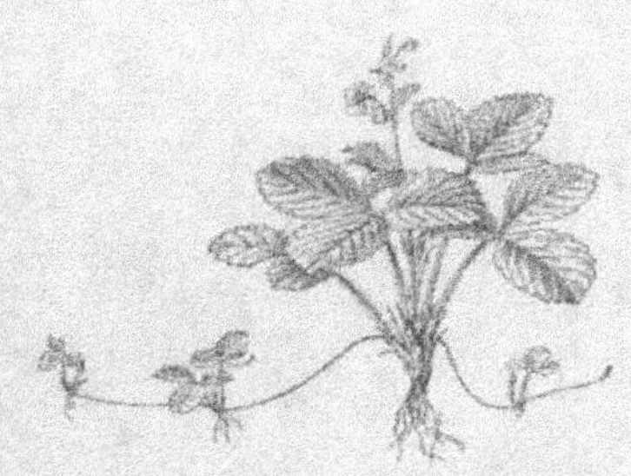

Fig. 112. — Pied de Fraisier émettant des stolons.

d'arcade; au point où elle vient toucher terre, cette tige, appelée *stolon*, produit des racines qui s'enfoncent dans le sol et des feuilles qui s'élèvent dans l'air (fig. 112); une nouvelle plante est ainsi constituée, reliée à la plante-mère par le stolon. Lorsque cette nouvelle plante est assez forte pour se suffire à elle-même, le stolon se détruit, et on a deux pieds tout à fait distincts.

50. Framboisier; Ronce du Mont Ida (*Rubus idæus*). Le Framboisier est un petit arbuste qui croît à l'état sauvage dans les forêts du nord de la France; on le cultive aussi dans les jardins pour son fruit, la Framboise, qui est comestible.

Les fleurs du Framboisier ressemblent beaucoup à celles du Fraisier, mais on n'y voit pas de calicule. Les carpelles sont nombreux, et chacun d'eux se transforme

Fig. 113. — Framboise.

en une petite baie charnue. La Framboise (fig. 113), formée par la réunion de ces baies, est donc un fruit proprement dit et non un réceptacle charnu comme la Fraise.

La Ronce commune, à tige épineuse, si abondante le long des chemins et dans les lieux incultes, appartient au même genre que le Framboisier ; son fruit, connu sous le nom de Mûre, ressemble à la Framboise.

51. Poirier; POIRIER COMMUN (*Pyrus communis*). Le Poirier croît, en France, à l'état sauvage, mais les variétés cultivées donnent seules de bons fruits. La culture du Poirier remonte à la plus haute antiquité ; la Bible en fait mention plus de mille ans avant l'ère chrétienne ; à l'époque d'Alexandre le Grand, les Perses en connaissaient de nombreuses variétés.

Les fleurs du Poirier, disposées en corymbe, sont blanches ; elles diffèrent par le pistil des fleurs d'Amandier ou de Pêcher ; le pistil est, en effet, formé

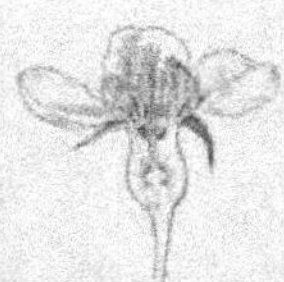  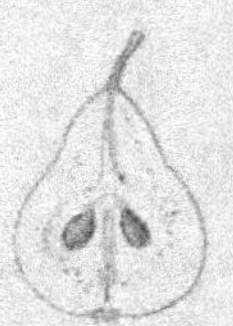 

FIG. 114. — Fleur du Poirier coupée en long.   FIG. 115. — Coupe en travers de l'ovaire du Poirier.   FIG. 116. — Poire coupée en long.   Fig. 117. — Pomme coupée en long.

de plusieurs carpelles soudés entre eux et dont l'ovaire est situé au-dessous du calice (fig. 114) et non au-dessus comme dans le Pêcher ; cet ovaire (fig. 115) se transforme en un fruit complètement charnu qui est la Poire (fig. 116) ; les pépins, qui se trouvent au milieu de la Poire, sont les graines du Poirier.

On connaît des centaines de variétés de Poiriers, différant entre elles surtout par les qualités de leurs fruits. Certaines variétés de poires sont mangées crues, d'autres sont meilleures cuites, d'autres enfin servent à fabriquer une boisson alcoolique analogue au vin blanc, et qu'on nomme *poiré*.

Le Poirier n'est pas seulement un arbre utile par son fruit ; son bois est encore très recherché par les ébénistes et sert à fabriquer des meubles de luxe. La plupart des meubles en bois noir sont en Poirier, mais la couleur noire n'est pas naturelle, elle a été ajoutée.

Le Pommier ressemble beaucoup au Poirier ; il en diffère surtout par son fruit. La pomme est arrondie et non allongée du côté du pédoncule comme la poire (fig. 117) ; de plus, les pépins y sont entourés d'une sorte de membrane résistante et non d'une couche de matière plus ou moins granuleuse comme dans la Poire. Certaines variétés de pommes sont consommées comme fruits de table ; d'autres servent à fabriquer une liqueur alcoolique connue sous le nom de *cidre*. En Normandie et en Bretagne, où le raisin ne mûrit pas, le cidre est fabriqué en grande abondance et remplace presque complètement le vin.

Le Cognassier est aussi très voisin du Poirier ; le Coing, fruit du Cognassier, a une saveur un peu âpre et sert surtout à faire des confitures.

52. Sorbier; SORBIER DOMESTIQUE (*Sorbus domestica*). Le Sorbier pousse naturellement sur certaines collines boisées ; on le distingue facilement des autres arbres fruitiers par ses feuilles qui sont composées pennées ; les fleurs, petites et blanches, ont la même structure que celles du Poirier.

Fig. 117. — Sorbe.

Le fruit, appelé Sorbe ou Corme, est à peine plus gros qu'une cerise ; il est entièrement charnu comme la Poire et renferme de petits pépins. Au moment de la cueillette, la Sorbe a un goût très âpre ; mais si on la conserve assez longtemps pour qu'elle se ramollisse et devienne blette, le goût en devient agréable.

Le Sorbier est peu recherché comme arbre fruitier ; on le cultive dans les terrains maigres où d'autres arbres plus productifs ne pourraient prospérer.

Le Sorbier des Oiseleurs, espèce voisine du Sorbier domestique, est surtout cultivé comme plante d'ornement. Ses fruits rouges, très abondants, ne sont pas comestibles, mais restent pendant plusieurs mois sur les branches et contribuent à donner à l'arbre un aspect élégant.

Fig. 118. — Nèfle.

53. Néflier; NÉFLIER D'ALLEMAGNE (*Mespilus germanica*). Le Néflier est un arbrisseau que l'on trouve communément sur la lisière des bois dans le nord de la France ; on le cultive aussi dans les jardins. Par ses feuilles grandes et simples, le Néflier se rapproche du Poirier ou du Cognassier. Les fleurs ont aussi la même structure que celles de ces arbres, mais les fruits sont différents.

La Nèfle (fig. 119) est, en effet, un fruit un peu aplati, à peine gros comme la moitié d'un œuf de poule ; à la partie supérieure on voit cinq petites feuilles, ce sont les sépales de la fleur. La Nèfle n'est pas complètement charnue comme la Sorbe ou la Poire ; à l'intérieur, on trouve cinq petits noyaux correspondant aux cinq carpelles et renfermant chacun une graine. Comme la Sorbe, la Nèfle n'est comestible qu'un certain temps après la cueillette, lorsqu'elle est devenue blette.

7° Ribesiacées

54. Groseillier; GROSEILLIER ROUGE (*Ribes rubrum*), vulg. : *Groseillier à grappes*. Le Groseillier le plus communément cultivé est le Groseillier à grappes. C'est un petit arbuste formant des touffes d'environ un mètre de hauteur et qu'on trouve à l'état sauvage dans les bois et les montagnes de presque toute la France.

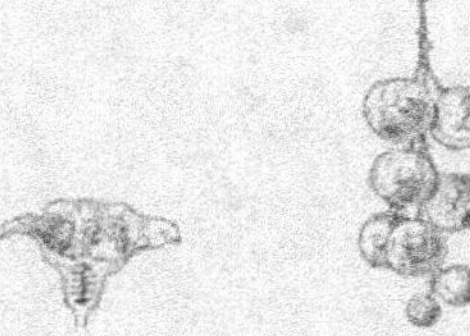

Fig. 120. — Fleur de Groseillier coupée en long.   Fig. 121. — Grappe de Groseilles.   Fig. 122. — Tige épineuse du Groseillier à maquereau.   Fig. 123. — Groseille à maquereau.

Les fleurs (fig. 120), disposées en grappe, ont une structure qui rappelle celle de certaines Rosacées, du Sorbier par exemple. Il y a cinq sépales et cinq pétales distincts, mais les étamines sont au nombre de cinq seulement, et le pistil, dont l'ovaire est situé en dessous du calice, ne comprend que deux carpelles.

Le fruit appelé Groseille (fig. 121) est une petite baie rouge ou blanche dont la saveur est légèrement acide. Les Groseilles sont consommées crues ou servent à faire des confitures et un sirop bien connu sous le nom de sirop de groseille.

Le *Groseillier à maquereau* est une espèce voisine de la précédente ; on l'en distingue aisément à ses tiges épineuses (fig. 122) et à ses fruits plus gros et isolés (fig. 123) au lieu d'être en grappe. Le fruit du Groseillier à maquereau est très sucré ; en Angleterre on s'en sert pour fabriquer une sorte de vin.

8° Légumineuses

55. Haricot; Haricot vulgaire (*Phaseolus vulgaris*). Le Haricot, ce
légume si généralement cultivé aujourd'hui, était complétement inconnu des
anciens. Le mot *phaseolus*, que l'on trouve dans Virgile et quelques autres

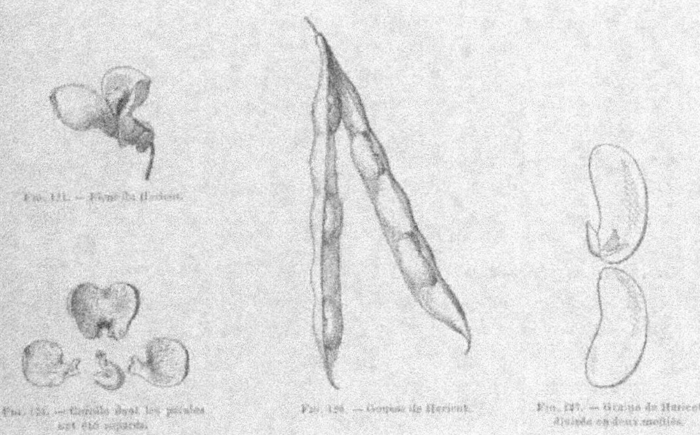

Fig. 124. — Fleur de Haricot.

Fig. 125. — Corolle dont les pétales ont été séparés.

Fig. 126. — Gousse de Haricot.

Fig. 127. — Graine de Haricot divisée en deux moitiés.

auteurs latins, ne se rapporte pas au Haricot, comme on l'avait cru d'abord,
mais bien plutôt à la Fève. On croit que le Haricot est originaire de
l'Amérique du Sud et qu'il n'est cultivé en Europe que depuis le seizième
siècle. Le Haricot est une plante annuelle dont la tige, longue et mince, ne peut
se soutenir qu'en s'enroulant autour d'un support. Les feuilles sont grandes
et composées ordinairement de cinq ou sept folioles. Les fleurs ont une forme
toute spéciale qui caractérise la famille des *Papilionacées* (fig. 124).

Le calice est composé de cinq sépales inégaux, soudés par leur partie
inférieure. La corolle est formée de cinq pétales, distincts les uns des autres

mais de forme différente (fig. 125). Le plus grand qui est en arrière de la fleur, s'appelle l'*étendard*; les deux qui sont situés de côté sont les *ailes*; enfin les deux plus petits, qui sont devant, se réunissent par leur bord pour former ce qu'on appelle la *carène*. L'ensemble de cette corolle, de forme très particulière, présente vaguement l'apparence d'un papillon : de là le nom de *Papilionacées* qu'on a donné à la famille.

Les étamines sont au nombre de dix, dont une complètement libre et les neuf autres soudées ensemble par leur filet. Le pistil, entouré par les étamines, est formé d'un seul carpelle renfermant plusieurs ovules.

Ce carpelle se transforme en un fruit allongé dont les parois se dessèchent à la maturité et s'ouvrent par deux fentes (fig. 126).

La graine (fig. 127) est la partie comestible du Haricot; elle renferme beaucoup d'amidon; c'est un aliment très nourrissant. Ordinairement, on cueille les graines de Haricot lorsqu'elles sont mûres, et on peut alors les conserver pendant très longtemps. Mais souvent, on fait la récolte lorsque la graine commence à se former; les parois du fruit, encore vertes et tendres, sont alors bonnes à manger; c'est ce qu'on appelle des Haricots verts.

56. Pois; Pois CULTIVÉ (*Pisum sativum*). Le Pois est une plante annuelle originaire de l'Asie et dont la culture est presque aussi répandue que celle du Haricot.

Le Pois se distingue facilement du Haricot par la forme de ses feuilles; les feuilles du Pois sont composées; mais à la base du pétiole, on voit deux larges stipules aussi grandes que les folioles (fig. 128); de plus, les folioles supérieures de chaque feuille sont réduites à un mince filet qui joue le rôle de vrille et aide la tige à grimper.

Les fleurs du Pois, blanches ou roses, sont plus grandes que celles du Haricot, mais leur structure est à peu près la même.

La graine est arrondie et colorée en gris rose lorsqu'elle est mûre; mais on la cueille souvent avant la maturité complète, alors qu'elle est encore verte.

Le climat du midi de la France est un de ceux qui conviennent le mieux au Pois; on peut y faire les semis à une époque quelconque et récolter ainsi des Pois frais à peu près pendant toute l'année.

57. Lentille; LENTILLE COMESTIBLE (*Lens esculenta*). La Lentille est une
plante annuelle que l'on cultive en grand, surtout dans les régions monta-

Fig. 128. — Feuille de Pois avec vrilles et stipules.

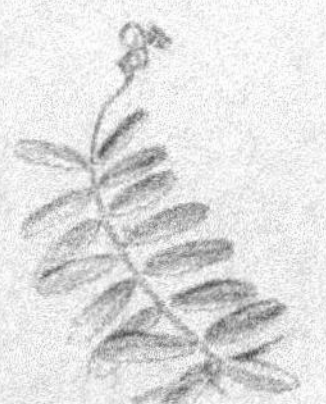

Fig. 129. — Feuille de la Lentille.

gueuses de la France ; on la distingue facilement des autres Papilionacées
cultivées, à ses tiges très grêles, longues d'environ trente centimètres, et
à ses feuilles composées de quatre à huit paires de folioles très petites,
dont les supérieures sont transformées en vrilles comme dans le Pois (fig. 129).

Les fleurs blanchâtres sont très petites et groupées par deux ou trois
au sommet de longs pédoncules. Le fruit est court et ne renferme que deux
graines aplaties.

On ne consomme jamais les Lentilles fraîches, comme on fait pour les
Haricots ou les Pois ; on les cueille au moment de leur maturité. La dimension des graines diffère suivant les variétés ; les plus estimées sont les
plus petites, qui mesurent à peine quatre à cinq millimètres de largeur.

58. Fève; FÈVE VULGAIRE (*Faba vulgaris*). La Fève est encore une Papilionacée annuelle, cultivée pour ses graines comestibles et que l'on croit originaire
de l'Asie occidentale. La tige est épaisse et n'a pas besoin de support pour se
tenir dressée ; aussi n'y a-t-il pas de vrilles comme dans le Pois et la Lentille ; le
pétiole des feuilles se termine simplement par un petit filet court, et non par une
large foliole comme dans le Haricot.

Les fleurs, disposées par petits groupes à l'aisselle des feuilles, se recon-
naissent facilement à leur couleur ; elles sont complètement blanches, sauf une
grosse tache noire qui se trouve sur chacune des ailes de la corolle (fig. 130). La

longueur du fruit peut dépasser dix centimètres ; les graines sont grosses, aplaties, et portent sur un côté une longue cicatrice noire (fig. 131) qui marque le hile, c'est-à-dire le point d'insertion sur le fruit.

La Fève est un légume populaire qui ne passe pas pour très délicat ; on utilise ordinairement les graines desséchées pour faire des soupes et des purées. On consomme aussi les graines crues en les cueillant avant leur maturité. Certaines variétés, cultivées comme fourrage, sont fauchées au moment de la floraison.

Fig. 130. — Fleur de la Fève.

Fig. 131. — Graine de la Fève (h, hile).

La Fève s'accommode des climats les plus différents ; sa culture réussit bien dans toutes les parties de la France, pourvu que le terrain soit bon. En Égypte, on récolte des quantités énormes de Fèves qui, expédiées en Europe, servent à la nourriture des chevaux.

9° Composées

59. Chicorée; CHICORÉE SAUVAGE (*Cichorium Intybus*). La Chicorée croît spontanément dans presque toutes les régions de la France. C'est une plante vivace dont les jolies fleurs bleues s'épanouissent pendant tout l'été, le long des chemins et dans les champs incultes ; on cultive aussi la Chicorée dans les jardins, pour la manger en salade.

Les fleurs de la Chicorée sont disposées en capitule comme celles de toutes les *Composées* ; examinons un de ces capitules ; toutes les fleurs qui le forment sont semblables ; le calice est réduit à de petites écailles que nous retrouvons encore sur le fruit mûr (fig. 133) ; la corolle a la forme d'une languette (fig. 132) dont le sommet nous montre cinq petites dents correspondant aux cinq pétales soudés entre eux. La corolle des fleurs de Chicorée

NOS FLEURS par M. Leclerc du Sablon. Pl. VII.   ARMAND COLIN & Cⁱᵉ Éditeurs

a donc la même forme que la corolle des fleurs qui sont sur le bord d'un capitule de Camomille; c'est une corolle *ligulée*.

La Chicorée sauvage, telle qu'elle croît au bord des chemins, est quelquefois mangée en salade, mais elle est toujours fort amère. En la cultivant dans les jardins, on obtient des variétés plus comestibles; telle est, par exemple, la variété connue sous le nom de *barbe de capucin*. On cultive aussi beaucoup la

Fig. 144. — Corolle en forme de languette, de la fleur de Chicorée.

Fig. 145. — Fruit de la Chicorée.

Fig. 146. — Chicorée Endive prête à être cueillie.

Chicorée pour ses racines qui, torréfiées, constituent une contrefaçon du café.

La Chicorée le plus ordinairement cultivée est une espèce distincte de la Chicorée sauvage; c'est la *Chicorée Endive*, originaire de l'Inde. Les variétés d'Endives sont très nombreuses; on les reconnaît ordinairement à leurs feuilles finement découpées; les fleurs sont bleues comme dans la Chicorée sauvage.

60. Laitue; Laitue cultivée (*Lactuca sativa*). On ne connaît pas l'origine de la Laitue cultivée, que l'on n'a jamais trouvée à l'état sauvage. Le nom de Laitue, qui signifie plante laiteuse, vient de ce que la plante renferme dans toutes ses parties un suc laiteux que l'on voit s'échapper dès qu'on coupe une feuille ou une racine.

La Laitue est une plante annuelle; on la sème à diverses époques, suivant le moment de l'année où on veut la récolter. Au bout de quelques mois de culture, la tige, encore très courte, porte un grand nombre de très larges feuilles (fig. 135); c'est à ce moment qu'on cueille la Laitue pour manger les feuilles en salade.

Mais si on laisse un pied de Laitue en terre pendant toute une année, on voit bientôt la tige s'allonger et se ramifier. Les rameaux qui ne portent que des feuilles très petites se terminent chacun par un capitule de fleurs jaunes. Les fleurs ont à peu près la même structure que celles de la Chicorée ; seulement, le calice est représenté, non par de simples écailles, mais par toute une couronne de longs poils qui forment une aigrette au sommet de l'ovaire.

Le fruit mûr est surmonté d'une sorte de petit bec mince qui porte l'aigrette de poils à son extrémité (fig. 136). Lorsque le fruit desséché se détache de la plante, les poils de l'aigrette s'étalent horizontalement et forment une sorte de voile assez épais pour servir de parachute au fruit, ce qui lui permet d'être facilement emporté par le vent à de très grandes distances.

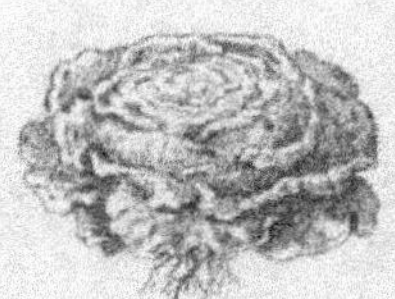

Fig. 135. — Laitue prête à être cueillie.   Fig. 136. — Fruit de Laitue.

Les variétés de Laitue sont très nombreuses. Outre la Laitue proprement dite on distingue l'*Escarolle*, dont les feuilles, légèrement frisées, ressemblent à celles de la Chicorée, et la *Romaine* aux feuilles longues et craquantes.

Le suc de la Laitue était autrefois employé en médecine ; absorbé en grande quantité il peut être vénéneux.

61. Salsifis ; Salsifis a feuille de Poireau (*Tragopogon porrifolius*). Le Salsifis est une plante bisannuelle qui croît spontanément dans le Midi de l'Europe ; on la cultive dans les jardins pour sa racine qui est alimentaire.

Pendant la première année de sa végétation, le Salsifis produit une longue racine pivotante où s'accumulent des matières nutritives ; la tige reste très courte et porte un bouquet de feuilles longues et étroites (fig. 137). C'est à ce moment qu'on cueille le Salsifis pour consommer sa racine.

La seconde année, la tige s'allonge et se termine par de gros capitules de fleurs violettes, qui ont à peu près la même structure que ceux de la Laitue.

Le fruit mûr est surmonté d'un bec qui porte une aigrette de poils (fig. 138). Mais les poils, au lieu d'être simples comme dans la Laitue, portent de chaque côté de petites barbelures qui vont se mêler aux barbelures des poils voisins. Il se forme ainsi une sorte de toile serrée qui oppose au vent une assez grande résistance et aide puissamment à la dissémination des graines.

62. Artichaut; Artichaut commun (*Cynara Scolymus*). L'Artichaut est originaire du nord de l'Afrique; c'est une grosse plante vivace dont la culture est très répandue dans toutes les parties de la France.

Les feuilles de l'Artichaut, d'un vert blanchâtre, sont très grandes; les tiges,

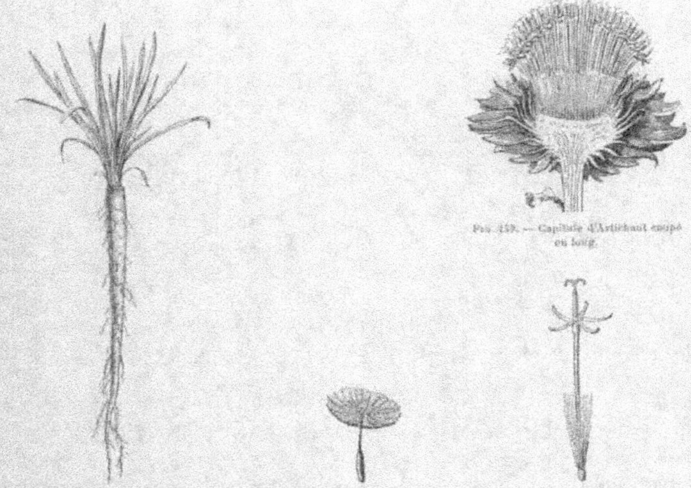

Fig. 139. — Capitule d'Artichaut coupé en long.

Fig. 135. — Salsifis à la fin de la première année.   Fig. 138. — Fruit du Salsifis.   Fig. 140. — Fleur d'Artichaut.

hautes souvent de plus d'un mètre, se terminent par d'énormes capitules de fleurs (fig. 139). Les bractées qui entourent les fleurs sont très grandes. On cueille le capitule avant que les fleurs soient épanouies et l'on mange la base des bractées, qui est charnue, ainsi que le réceptacle en forme de plateau, où sont insérées les fleurs et les bractées; on appelle vulgairement ce réceptacle *fond d'artichaut*.

Si l'on attend que les fleurs soient épanouies, les bractées et le réceptacle durcissent et cessent d'être comestibles; les matières nutritives qui s'y trouvaient sont employées à former les fleurs et les graines. Dans les Artichauts que l'on mange, on peut voir vers le centre les fleurs encore à l'état de bouton.

Lorsqu'elles sont épanouies, ces fleurs (fig. 140) ont à peu près la même structure que les fleurs du Bleuet, que nous avons étudiées plus haut.

La culture de l'Artichaut réussit sous les climats les plus divers, mais l'époque de la récolte varie beaucoup suivant la température. Dans le Midi de la France et en Algérie, on a des Artichauts bons à manger dès le mois de janvier; dans le Nord de la France, seulement en juin ou en juillet.

63. Topinambour; HÉLIANTHE TUBÉREUX (*Helianthus tuberosus*). Le Topinambour est originaire du Brésil; on le cultive pour ses tubercules.

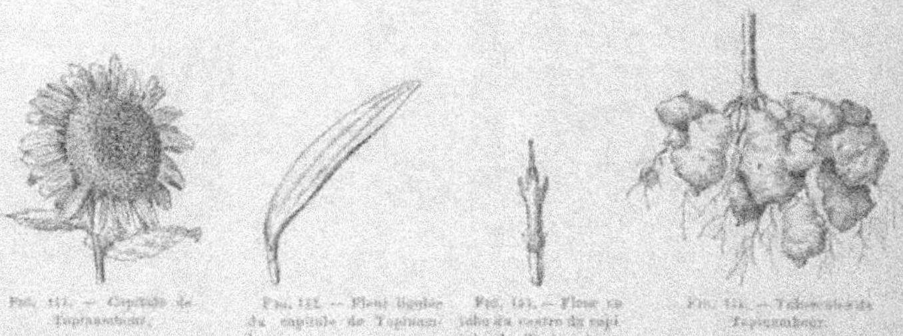

Fig. 141. — Capitule de Topinambour.

Fig. 142. — Fleur ligulée du capitule de Topinambour.

Fig. 143. — Fleur en tube du centre du capitule de Topinambour.

Fig. 144. — Tubercules de Topinambour.

Les tiges du Topinambour sont très élevées et ne se ramifient généralement que vers le sommet; leur hauteur dépasse souvent 2 mètres; les feuilles, larges et simples, sont rugueuses au toucher. Au sommet de chaque tige, il se forme en été un grand capitule (fig. 141) dont la largeur peut atteindre 10 centimètres.

Les fleurs y sont de deux sortes, comme dans la Camomille; celles du bord sont ligulées (fig. 142); leur large corolle jaune forme comme autant de rayons autour du capitule; les fleurs du centre ont une corolle plus petite et en forme de tube (fig. 143).

A la fin de l'automne, les tiges se dessèchent et meurent; mais si l'on déterre alors les parties souterraines, on y trouve de gros tubercules (fig. 144) semblables à des Pommes de terre et où sont accumulées de grandes quantités de matières nutritives. Les tubercules du Topinambour sont bien inférieurs aux Pommes de terre comme aliment; on les utilise surtout pour la nourriture des bestiaux; en revanche, le Topinambour est très facile à cultiver et pousse très bien dans des terres mauvaises où la Pomme de terre ne produirait pas.

10° Solanées

64. Pomme de terre; MORELLE TUBÉREUSE (*Solanum tuberosum*). La
Pomme de terre est originaire du Chili; elle fut importée en Europe au
seizième siècle par Walter Raleigh, mais c'est seulement depuis le dix-huitième siècle que sa culture s'est généralisée.

Les Européens se défièrent d'abord beaucoup de ce légume venu du Nouveau Monde; il ne fallut rien moins, pour

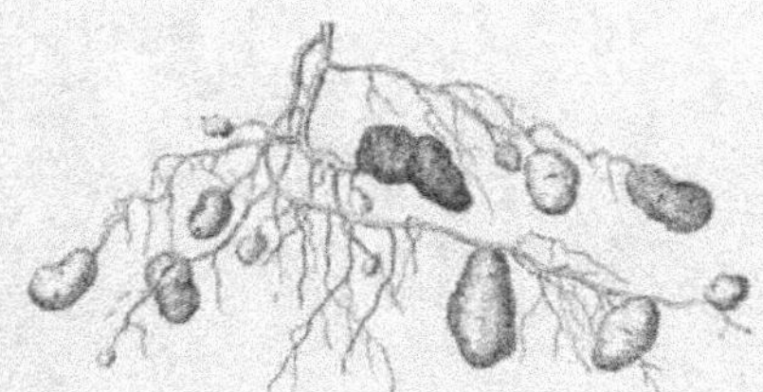

Fig. 145. — Tige souterraine de la Pomme de terre avec les tubercules.

détruire ces préjugés, que la persévérance de Parmentier qui, pendant de
longues années, propagea par tous les moyens la Pomme de terre.

Fig. 146. — Tubercule avec yeux et écailles. Fig. 147. — Fruit de la Pomme de terre. Fig. 148. — Tubercule de Pomme de terre germant.

La fleur, blanche ou d'un violet clair, a la même structure que celle de la
Douce-Amère que nous avons étudiée. Le fruit, un peu plus gros qu'une
noisette, est une baie verdâtre qui n'est pas comestible (fig. 147). D'ailleurs,
beaucoup de variétés de Pommes de terre ne produisent jamais de fruits.

On reproduit la plante, non avec des graines, mais au moyen de tubercules
qui se forment sur les tiges souterraines (fig. 145). Mis en terre dans des

conditions favorables, un tubercule produit bientôt de jeunes tiges (fig. 148) dont les unes vont se développer dans l'air et dont les autres restent sous terre et produisent à leur tour des tubercules.

Les tubercules de Pomme de terre ne sont pas des racines, comme on le croit quelquefois; ce sont des portions de tiges renflées; ils doivent leurs propriétés nutritives à l'amidon qui s'y trouve en grande abondance.

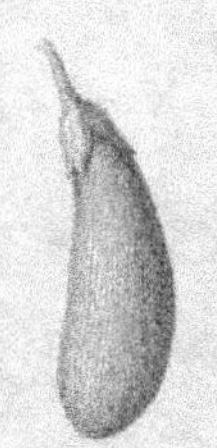

Fig. 147. — Fruit d'Aubergine.

On est arrivé, par certains procédés industriels, à transformer cet amidon en sucre, et le sucre en alcool. L'alcool ainsi obtenu, appelé quelquefois eau-de-vie de Pomme de terre, est de mauvaise qualité.

65. Tomate; MORELLE TOMATE (*Solanum Lycopersicum*). La Tomate appartient au même genre que la Pomme de terre; elle est originaire de l'Amérique du Sud et elle s'est parfaitement acclimatée en Europe.

Les fleurs ont la même structure que celles de la Douce-amère; la plante entière est annuelle. La partie comestible de la Tomate est le fruit, grosse baie rouge appelée dans le midi de la France *Pomme d'amour*.

La Tomate est une plante méridionale dont la culture demande beaucoup de soins dans le Nord.

Dans le genre Morelle, on trouve encore une espèce dont les fruits sont comestibles, c'est l'*Aubergine*, cultivée surtout dans le Midi de la France; le fruit de l'Aubergine est une grosse baie noire (fig. 149) dont la longueur peut atteindre vingt centimètres.

11° Oléacées

66. Olivier; OLIVIER D'EUROPE (*Olea Europæa*). L'Olivier est un arbre originaire d'Asie que l'on cultive sur tout le littoral de la Méditerranée. Le climat sec et chaud qui caractérise cette région est tellement approprié à la culture de l'Olivier, qu'on appelle quelquefois la région méditerranéenne : *région de l'Olivier*. Dans les environs de Nice, l'Olivier donne d'excellents produits presque sans soins ; dans les autres régions qui bordent la Méditerranée, le climat étant moins doux, la culture est un peu plus difficile.

Les fleurs, très petites, apparaissent seulement en été (fig. 150). Le fruit appelé oliva est une petite drupe allongée (fig. 151), colorée en noir lorsqu'elle est mûre ; les olives vertes que l'on mange ordinairement ont été cueillies avant leur maturité. La partie externe de l'olive est charnue et renferme de l'huile ; la partie interne, très dure, constitue le noyau.

Pour extraire l'huile, on comprime très fortement les olives dans des moulins spéciaux ; l'huile ainsi obtenue est la meilleure que l'on connaisse ; aussi est-elle l'objet de nombreuses contrefaçons ; l'un des caractères qui servent à la reconnaître, c'est qu'elle se congèle à une température plus élevée que les autres huiles, à huit degrés environ.

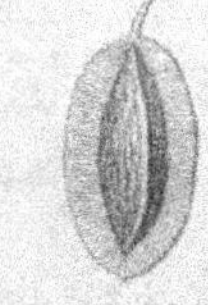

Fig. 150. — Fleur de l'Olivier.   Fig. 151. — Fruit de l'Olivier coupé en long.

12° Morées

67. Figuier ; FIGUIER COMMUN (*Ficus Carica*). Le Figuier est un arbre originaire d'Orient, qui s'est très bien acclimaté dans la région méditerranéenne où il croît maintenant sans culture. Dans l'ouest de la France, sur les côtes de l'Océan et en Bretagne, le Figuier peut encore végéter, mais les étés ne sont pas toujours assez chauds pour que les Figues mûrissent.

Les fleurs présentent une particularité tout à fait remarquable. Au printemps, on voit à l'aisselle de certaines feuilles de petits corps verts arrondis qui s'accroissent peu à peu : ce sont de jeunes Figues ; prenons-en une et coupons-la en long (fig. 152) : nous voyons qu'elle renferme une cavité communiquant avec l'extérieur seulement par un petit trou ; c'est dans cette cavité que se trouvent les fleurs ; les unes renferment trois étamines (fig. 153), les autres une carpelle contenant un seul ovule (fig. 154).

Après que les fleurs se sont épanouies, les parois de la figue qui les renferme s'épaississent et deviennent bonnes à manger. La figue, que l'on

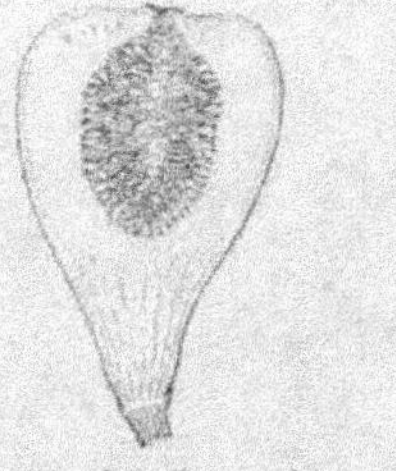

Fig. 152. — Jeune Figue coupée
en long.

Fig. 153. — Fleur à étamines
du Figuier.

Fig. 154. — Fleur à pistil du
Figuier.

considère comme le fruit du Figuier, n'est donc pas, à proprement parler, le fruit, mais un réceptacle charnu qui renferme les fruits ; les fruits sont ces petits grains qui se trouvent en abondance dans l'intérieur de la figue.

13ᵉ Polygonées

68. Oseille; RUMEX OSEILLE (*Rumex acetosa*). L'Oseille est une plante vivace qui pousse à l'état sauvage dans les prés humides.

Les fleurs sont petites, très nombreuses et légèrement colorées en rouge. Il y en a de deux sortes, les unes à étamines (fig. 156), les autres à pistil (fig. 157) ; un même pied ne portant que des fleurs à étamines ou que des fleurs à pistil, l'Oseille est *dioïque*.

L'Oseille est cultivée dans les jardins pour ses feuilles (fig. 155), recherchées à cause de leur goût acide ; les tiges restent longtemps courtes et portent

70. HOUBLON.
84. POMME DE TERRE.
85. TOMATE.
NOS FLEURS par M. LECLERC DU SABLON.   PL. VIII.   ARMAND COLIN & Cᵉ, Éditeurs

de grandes feuilles formant une touffe (fig. 158) ; on coupe ces feuilles et il

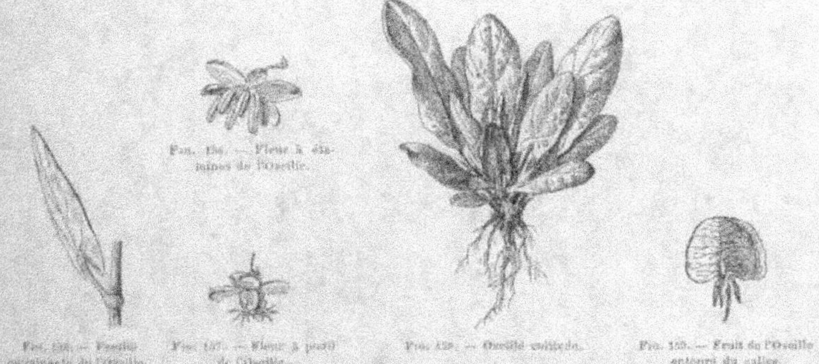

Fig. 156. — Fleur à étamines de l'Oseille.

Fig. 155. — Feuille engaînante de l'Oseille.

Fig. 157. — Fleur à pistil de l'Oseille.

Fig. 158. — Oseille cultivée.

Fig. 159. — Fruit de l'Oseille entouré du calice.

en repousse d'autres ; on évite autant que possible de laisser la tige s'allonger et les fleurs se former, car les feuilles seules sont utilisées.

14° Chénopodées

69. Épinard; ÉPINARD À ÉPINES (*Spinacia spinosa*). L'Épinard, cultivé dans les jardins, est une plante annuelle originaire de l'Asie, et qui fut introduite en Espagne par les Arabes. Pendant la première période de la végétation, la tige reste très courte, et porte de grandes feuilles vertes (fig. 160). On mange ces feuilles cuites et réduites en purée ; c'est alors un légume agréable et rafraîchissant.

Bientôt la tige grandit et se couvre de fleurs. On peut voir alors que, comme l'Oseille, l'Épinard est dioïque. Les fleurs à étamines (fig. 161), aussi bien que les fleurs à pistil (fig. 162), sont petites, verdâtres et sans corolle.

Pendant que l'ovaire se transforme en fruit, les sépales au lieu de se faner, s'accroissent au contraire, durcissent et enveloppent complètement le fruit d'une sorte de membrane épineuse (fig. 163). C'est ce qui a valu à cette espèce le nom d'Épinard à épines.

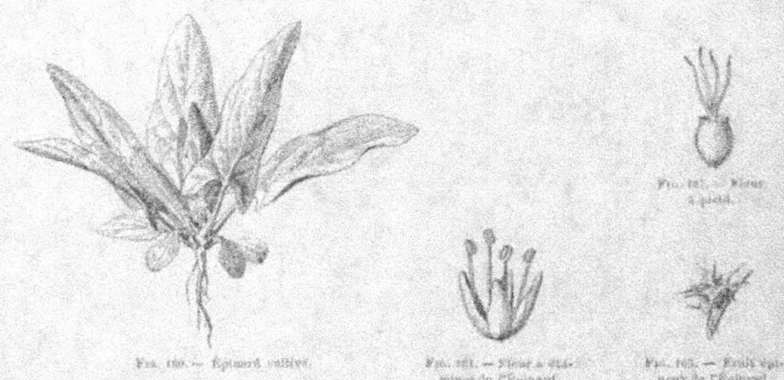

Fig. 160. — Épinard cultivé.

Fig. 161. — Fleur à étamines de l'Épinard.

Fig. 162. — Fleur à pistil.

Fig. 163. — Fruit épineux de l'Épinard.

70. Houblon; Houblon grimpant (*Humulus Lupulus*). Le Houblon est une plante vivace que l'on rencontre à l'état sauvage le long des rivières et dans les endroits frais; on le cultive dans le Nord de la France et en Angleterre.

La tige du Houblon, longue et mince, s'enroule autour des tiges d'arbre qu'elle rencontre, et peut s'élever ainsi à une grande hauteur.

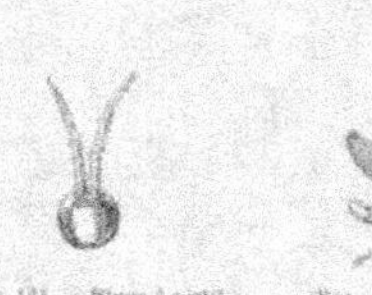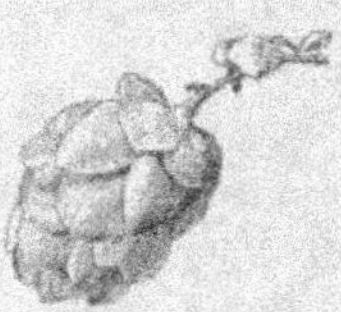

Fig. 164. — Fleur à pistil du Houblon.

Fig. 165. — Fleur à étamines.

Fig. 166. — Cône de Houblon.

Fig. 167. — Écaille d'un cône de Houblon avec un fruit.

Le Houblon est dioïque comme l'Oseille et l'Épinard. Les fleurs à pistil (fig. 164), situées chacune au-dessus d'une grosse bractée verdâtre, sont réunies en épi. Pendant que le fruit mûrit (fig. 467), les bractées s'accroissent et, en se recouvrant les unes les autres, forment un petit cône d'environ deux centimètres de long (fig. 466) qui est la partie utile du Houblon.

Avec le Houblon on fait des tisanes dépuratives, mais on s'en sert surtout pour parfumer la bière et lui donner le petit goût amer qui la rend agréable.

15° Juglandées

71. Noyer; NOYER ROYAL *(Juglans regia)*. Le Noyer est un bel arbre originaire du Caucase. Le Dauphiné est une des régions où le Noyer prospère le mieux; dans le Midi les étés sont trop secs, et dans le Nord les hivers sont trop froids; l'hiver de 1879, par exemple, a été fatal à beaucoup de Noyers des environs de Paris.

Sur un même arbre, on trouve deux sortes de fleurs, les unes à étamines, les autres à pistil; le Noyer est donc *monoïque*. Les fleurs à étamines (fig. 168) sont disposées en épis connus ordinairement sous le nom de chaton. Les fleurs à pistil (fig. 169) sont bien moins nombreuses; on les voit ordinairement groupées par deux ou trois au sommet de courts pédoncules.

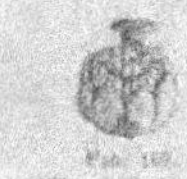
Fig. 168.
Fleur à étamines.

Fig. 170.
Noix coupée en long.

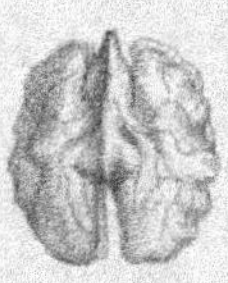
Fig. 171.
Graine de la noix.

Fig. 169.
Fleur à pistil.

Le fruit, connu sous le nom de Noix, renferme une seule graine. Dans une Noix fraîche (fig. 170), les parois du fruit sont formées, à l'extérieur, d'une couche verte et molle appelée *brou de noix* qui, lorsque la Noix est mûre, se déchire et tombe; il ne reste plus autour de la graine que la couche interne du fruit, sèche et très dure; c'est dans cet état que l'on trouve ordinairement la Noix dans le commerce.

La graine comestible est formée en grande partie par les cotylédons épais (fig. 171) dont la surface est très irrégulière; la petite pointe qu'on voit à une extrémité correspond à la radicule.

On mange ordinairement la Noix sans aucun apprêt; dans les pays où l'on en récolte beaucoup, on en extrait une huile assez recherchée, qui peut remplacer l'huile d'olive. Le brou de noix sert à fabriquer une matière colorante brune, employée pour donner aux meubles une teinte foncée. Le bois du Noyer est surtout employé pour fabriquer des meubles.

16° Cupulifères

72. Châtaignier; CHÂTAIGNIER VULGAIRE (*Castanea vulgaris*). Le Châtaignier est cultivé dans les parties montagneuses du Midi et du Centre de la France; comme dans le Noyer, les fleurs sont de deux sortes, les unes

Fig. 172. — Fleur à étamines.

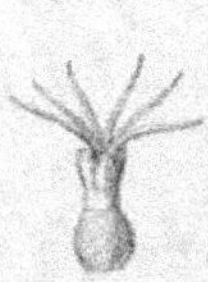

Fig. 173. — Fleur à pistil.

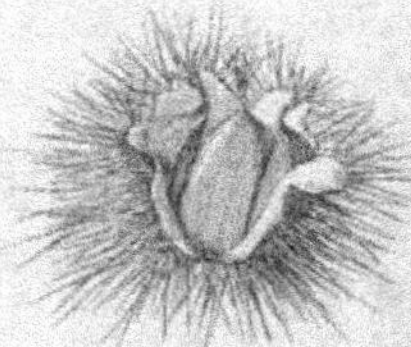

Fig. 174. — Cupule s'ouvrant et laissant les châtaignes à nu.

Fig. 175. — Châtaigne.

à étamines (fig. 172), les autres à pistil (fig. 173). Les fleurs à étamines sont disposées en épis allongés appelés chatons. A la base de certains chatons, nous pouvons voir quelques fleurs à pistil dont l'aspect est très différent; tout autour de ces fleurs, nous apercevons de petites bractées épineuses, soudées entre elles et qui constituent ce qu'on appelle la *cupule*; l'ovaire surmonté d'un petit calice se termine par six stigmates seuls visibles au-dessus de la cupule; dans une même cupule il y a trois fleurs à pistil.

Chacune de ces fleurs donne un fruit appelé *châtaigne* (fig. 175). Les trois châtaignes provenant de trois fleurs voisines sont complètement entourées par la cupule couverte d'épines très longues et très pointues. En se desséchant, la cupule s'ouvre et laisse les châtaignes à nu (fig. 174). La Châtaigne est un aliment très nourrissant dont on fait une grande consommation surtout dans les pays pauvres. Le bois du Châtaignier est très recherché, pour la fabrication des meubles.

17° Liliacées

73. Oignon; Ail Oignon (*Allium Cepa*). L'Oignon est une plante alimentaire, cultivée depuis les temps les plus anciens, dans les jardins potagers et dans les champs; il fleurit en juin, juillet et août.

Toutes les plantes à fleur étudiées précédemment étaient des plantes à deux cotylédons. On pouvait les reconnaître en général à leurs feuilles présentant par transparence des nervures ramifiées, à leurs fleurs dont les parties semblables sont le plus souvent disposées par quatre ou cinq. L'Oignon, au contraire, appartient au grand groupe des plantes à un cotylédon ou *monocotylédones*.

Si l'on regarde les feuilles par transparence, on voit que les nervures ne sont pas ramifiées, mais s'étendent presque parallèles d'un bout de la feuille à l'autre. Les fleurs présentent leurs parties semblables disposées par trois ou par six. Il y a trois sépales (*s*), (fig. 176) de la même couleur que les pétales, mais placés un peu en dehors, trois pétales (*p*), six étamines (*e*) et un pistil (*pi*) situé au milieu de la fleur. Cette disposition régulière que présentent les diverses parties de la fleur et leur nombre sont les principaux caractères de la famille des *Liliacées*, qui a pour type le Lis.

Fig. 176. — Fleur de l'Oignon; *s*, sépale; *p*, pétale; *e*, étamine; *pi*, pistil.

Fig. 177. — Coupe longitudinale du bulbe de l'Oignon.

Parmi les Liliacées, l'Oignon se reconnaît facilement à ses fleurs d'un blanc verdâtre, disposées en une ombelle globuleuse, à la base de laquelle se trouvent deux grandes bractées.

Cette plante, ainsi que beaucoup de Liliacées, emmagasine une provision de nourriture dans des feuilles particulières qui ont la forme d'écailles renflées et qui sont serrées les unes contre les autres de manière à former ce qu'on appelle un *bulbe* (fig. 177).

Cette accumulation de substance se fait pendant la première année de la végétation. Pendant la seconde année, la plante utilise ses provisions pour

9

produire rapidement une longue tige terminée par une ombelle de fleurs. Aussi est-ce au bout de la première année que l'on récolte les bulbes. Après la floraison, le bulbe se flétrit et la plante meurt. L'Oignon ne vit donc que deux ans, c'est une plante bisannuelle.

74. Asperge; ASPERGE OFFICINALE *(Asparagus officinalis)*. L'Asperge en fleurs est une plante très rameuse, à branches fines et nombreuses, d'un vert assez clair. On la rencontre à l'état sauvage dans les bois sablonneux, dans les prés secs, sur les coteaux incultes.

L'Asperge est une Liliacée comme l'Oignon, mais dans la fleur les trois sépales et les trois pétales sont soudés entre eux de façon à former une sorte de clochette à six divisions. En outre les fleurs sont de deux sortes. Sur un pied, on trouve toutes les fleurs à six étamines et sans pistil ; sur un autre pied, au contraire, toutes les fleurs ont un pistil à trois loges comme celui de l'Oignon, mais sans étamines développées.

Fig. 178. — Rameaux (r) naissent à l'aisselle d'une écaille (f).

Fig. 179. — Racines épaisses (r) fixées sur la tige souter-raine (t).

L'Asperge se reconnaît aisément à un caractère tout spécial. En regardant attentivement ce qui semble être les feuilles effilées de la plante, on s'aperçoit que ces petites aiguilles vertes (r), (fig. 178) viennent s'attacher au-dessus d'une petite écaille (f) ; ce sont de petits rameaux arrondis et qui remplacent les feuilles réduites à des écailles.

A la fin de la saison, l'Asperge emmagasine une provision de nourriture, non dans des feuilles renflées comme l'Oignon, mais dans des racines épaisses attachées sur les tiges souterraines. A l'automne, toutes les tiges qui se sont élevées dans l'air meurent. Il ne reste plus pendant l'hiver que les tiges souterraines et les racines.

Au printemps, de nombreux bourgeons se forment sur les tiges souterraines, aux dépens des matières nutritives renfermées dans les racines, et arrivent au-dessus du sol sous forme de tiges renflées, blanchâtres et couvertes d'écailles (fig. 179). Ce sont ces jeunes pousses qu'on désigne vulgairement sous le nom d'Asperges. On les consomme avant qu'elles se soient développées en tiges ramifiées.

A la fin de la saison, il faut toujours laisser quelques Asperges s'allonger et se ramifier, sous peine de compromettre la récolte de l'année suivante. Nous savons, en effet, que les tiges vertes que nous avons étudiées d'abord sont seules capables de former les matières nutritives qui s'accumulent dans les racines et servent à la formation des jeunes pousses.

18° Graminées

75. Blé; BLÉ COMMUN (*Triticum vulgare*) vulg. : *froment*. On n'a jamais trouvé le Blé à l'état sauvage ; mais on croit que les variétés de Blés actuellement cultivées descendent de plantes sauvages profondément modifiées par la culture.

Le Blé, dont les feuilles ont des nervures courant parallèlement d'un bout à l'autre (fig. 180), et dont les fleurs ont trois étamines, se reconnaît comme étant aussi monocotylédone.

Mais les fleurs du Blé ont une forme spéciale ; on n'y distingue ni pétales ni sépales d'une manière évidente. Le Blé, comme la plupart des céréales, comme les plantes qui constituent ce

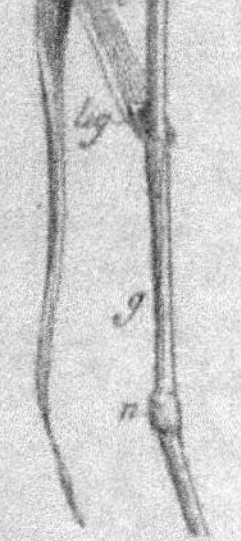  

Fig. 180. — Feuille insérée sur un nœud (n) avec la gaine (g), la ligule (lg.) et le limbe (l).   Fig. 181. — Épillet de Blé (g, glume ; gl, glumelle).   Fig. 182. — Grain de Blé coupé en long ; a, albumen ; e, embryon.

qu'on appelle ordinairement l'« herbe », appartient à la famille des *Graminées*.

Pour reconnaître qu'une herbe appartient à la famille des Graminées, il suffit d'examiner la gaine (g), (fig. 180) qui forme la base de la feuille et entoure la tige. Dans les Graminées, la gaine est fendue du côté opposé au limbe ; en outre, on observe à la jonction du limbe et de la gaine une petite languette membraneuse appelée *ligule* (*lig*).

Parmi les Graminées, le Blé se distingue surtout par la disposition de ses fleurs. Ce qu'on nomme épi de Blé est une inflorescence composée, c'est un épi d'épis ; on peut voir, en effet, que l'inflorescence du Blé est formée de petits épis ou *épillets* (fig. 181), groupés eux-mêmes en un épi général.

Si l'on détache un de ces petits épillets (fig. 181), on voit qu'il est entouré à sa base par deux écailles (*g*), courtes, larges et ventrues, appelées *glumes*. Chacune des fleurs qui forment l'épillet est entourée de deux écailles (*gl*), appelées *glumelles*, et comprend un ovaire surmonté de deux stigmates plumeux, trois étamines et deux petites écailles. Les glumelles elles-mêmes sont quelquefois prolongées en une longue arête, comme dans les variétés de Blés appelées *Blés barbus* ; d'autres fois elles sont sans arêtes ou à arêtes très courtes.

Le Blé, comme les autres plantes, renferme dans ses graines une masse nutritive qui doit servir à la jeune plante pendant la germination. En coupant un grain de Blé dans sa longueur (fig. 182), on voit l'*embryon* (*e*) et l'*albumen* (*a*) qui occupe la plus grande partie de la graine et renferme les matières nutritives. L'albumen du blé contient surtout de l'amidon ; mais on y trouve encore une autre substance appelée *gluten*, qui est très nourrissante. Aussi la farine qui est faite avec l'albumen du Blé est-elle une substance nutritive très précieuse pour l'homme et qui pourrait suffire presque seule à son alimentation.

Le Blé est peut-être la plus importante des plantes alimentaires ; on le cultive beaucoup dans toutes les parties de la France et surtout dans la Beauce, la Picardie et la Lorraine.

76. Seigle ; Seigle cultivé (*Secale cereale*). Le Seigle diffère surtout du Blé par la forme des glumelles : les glumelles du Seigle sont, en effet, très allongées (fig. 183) et non larges et ventrues comme celles du Blé. Le grain du Seigle est aussi plus menu et plus long que celui du Blé.

Le Seigle est cultivé, comme le Blé, pour ses graines qui fournissent une farine de moins bonne qualité ; mais le Seigle croît facilement dans les terrains peu fertiles où le Blé pousserait mal ; de plus, il a l'avantage d'être une plante

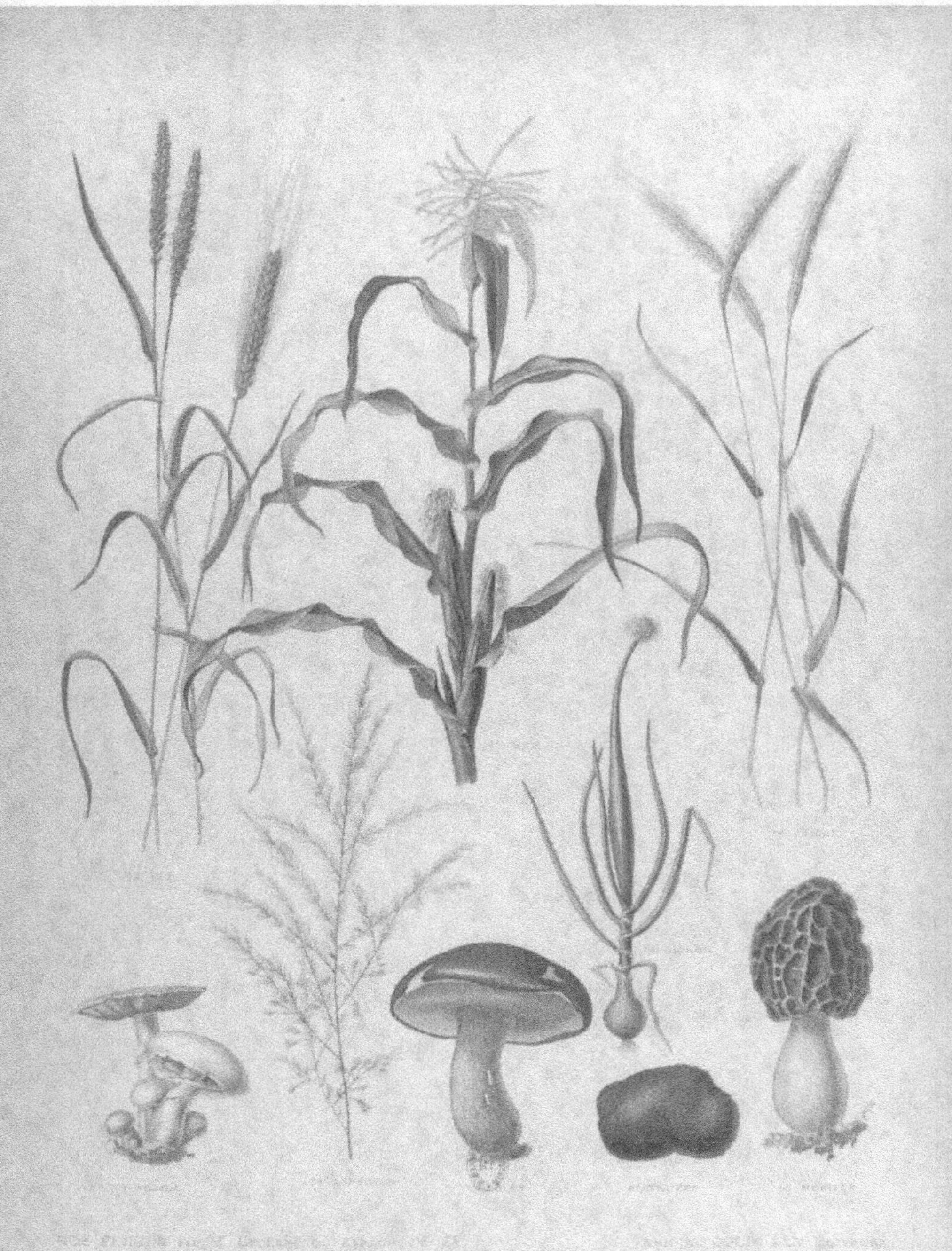

beaucoup plus rustique et qui craint moins le froid. Dans les champs élevés des montagnes, où la chaleur de l'été est insuffisante pour mûrir le Blé, on peut encore cultiver le Seigle. En outre, le Seigle, dont la tige est très élevée, fournit une paille très recherchée pour divers usages, notamment pour les emballages.

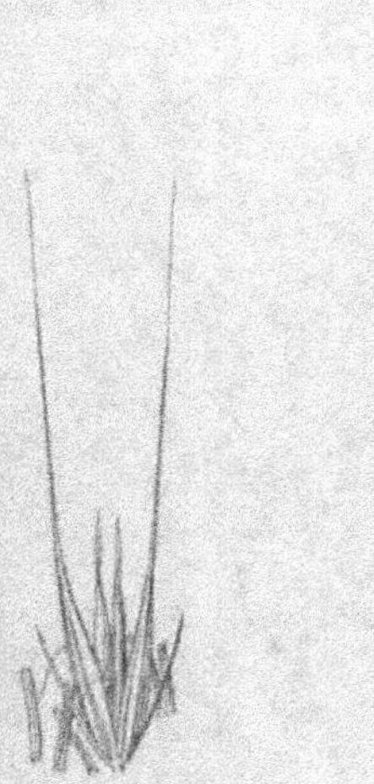

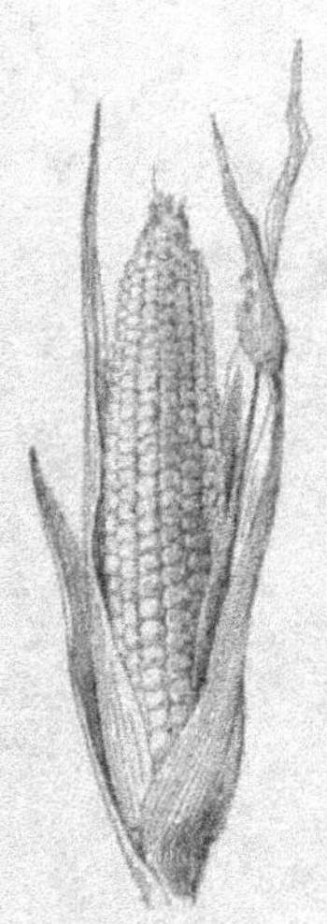

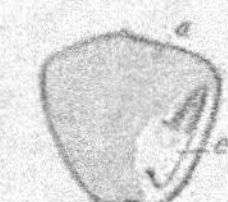

Fig. 193. — Épillet de Seigle.   Fig. 194. — Épi de Maïs en fruit.   Fig. 195. — Coupe d'un grain de Maïs; a, albumen; e, embryon.

77. Maïs; Maïs cultivé (*Zea Maïs*) vulg. : *Blé de Turquie*. Le Maïs est une Graminée facile à reconnaître à ses grandes feuilles qui ont en général plus de six centimètres de largeur.

C'est une plante remarquable par ses fleurs de deux sortes. Les fleurs à étamines forment plusieurs épis au sommet de la tige, haute quelquefois de plus de deux mètres. Les fleurs à pistil, au contraire, forment sur les côtés de la tige de gros épis étroitement enveloppés par la gaine des feuilles; au sommet de ces épis, on voit un faisceau de longs filaments verdâtres : ce sont les stigmates qui viennent recueillir les grains de pollen. Les fruits (grains de Maïs (fig. 185) sont rapprochés en un épi compact et cylindrique, auquel on donne vulgairement le nom de fusée (fig. 184).

Malgré son nom vulgaire de *Blé de Turquie*, le Maïs est originaire de l'Amérique du Sud, où il était cultivé bien avant la découverte de l'Amérique. En France, le Maïs est surtout cultivé dans le Midi, et notamment dans les environs de Toulouse.

Les grains servent surtout à la nourriture des bestiaux ; la farine de Maïs est cependant utilisée pour l'alimentation de l'homme : on en fait une bouillie épaisse, très appréciée dans certains pays, et notamment en Italie. Dans le nord de la France, le Maïs ne mûrit pas : on ne l'y cultive que comme fourrage.

19° Champignons

78. Agaric ; AGARIC DES CHAMPS (*Agaricus campestris*), vulg. : *Champignon de couche*. Le Champignon de couche est ordinairement cultivé dans les caves ou dans les carrières. Pour cela, on répand sur du fumier de petits

Fig. 186. — Blanc de Champignon portant des chapeaux en voie de formation.

cordons blanchâtres connus sous le nom de *blanc de Champignon* ; ces filaments s'allongent, se ramifient : c'est la partie végétative du Champignon, qui joue le même rôle que les racines des plantes supérieures. Puis on voit apparaître, çà et là, de petites boules (fig. 186) qui grossissent et produisent la fructification du Champignon, vulgairement appelée *Champignon*. Cette fructification est formée par un pied vertical terminé par un *chapeau* horizontal.

Les Champignons sont des plantes sans fleurs qui se reproduisent au moyen de tout petits grains appelés spores ; les spores, en germant, peuvent produire des filaments analogues au blanc de Champignon. Les spores de l'Agaric sont disposées comme celles de l'Oronge, que nous avons déjà étudiées. A la face inférieure du chapeau, nous voyons, en effet, de petites lames rayonnantes, disposées régulièrement tout autour du pied. C'est sur ces lames rayonnantes que se développent les spores.

On trouve, dans les prairies ou dans les champs, le Champignon de couche non cultivé; c'est pourquoi on l'appelle aussi Agaric des champs. On peut également trouver d'autres espèces d'Agarics qui sont comestibles, mais il en est qui sont vénéneuses; c'est pourquoi il faut apporter la plus grande prudence dans le choix des Champignons destinés à être consommés.

79. Bolet; Bolet comestible *(Boletus edulis)*. Les Bolets, comme les Agarics, sont des Champignons à chapeau; mais on ne sait en cultiver aucune espèce. On les trouve ordinairement dans les bois, surtout pendant l'automne.

Au lieu d'avoir des lames sous le chapeau, comme les Agarics, les Bolets présentent une masse de petits tubes accolés les uns aux autres.

C'est à la surface intérieure de ces tubes que se produisent les spores qui, lorsqu'elles sont mûres, tombent sur le sol par l'ouverture des petits tubes.

Le Bolet est très recherché; c'est un excellent aliment. On peut le reconnaître à son pied renflé à la base, à son chapeau très large, brunâtre en dessus, blanc en dessous, à sa chair molle, blanche et qui devient rosée à la surface.

Il existe encore d'autres espèces de Bolets; les unes, telles que le Bolet jaune, le Bolet visqueux, sont bonnes à manger; les autres, au contraire, sont vénéneuses; telles sont le Bolet amer, le Bolet pourpre. Ces différentes espèces sont difficiles à distinguer les unes des autres.

80. Morille; Morille comestible *(Morchella esculenta)*. Les Morilles, au contraire, forment un genre de Champignons dont toutes les espèces sont comestibles.

On les reconnaît facilement à leur chapeau allongé et creusé de cavités irrégulières qui lui donne plus ou moins l'aspect d'une éponge. La surface de ces cavités porte de petits tubes fermés qu'on nomme des *asques (a,* fig. 187; c'est à l'intérieur des asques que les spores *(s)* prennent naissance, ordinairement au nombre de huit dans chaque asque. Lorsque les spores sont mûres, les asques s'ouvrent brusquement et projettent les spores à une certaine distance.

Les Morilles diffèrent donc nettement des Bolets et des Agarics par la position de leurs spores, qui se forment à l'intérieur et non sur la surface externe du Champignon.

On trouve les Morilles dans les bois, au printemps.

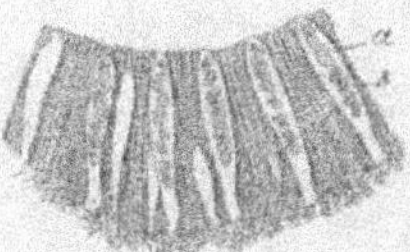 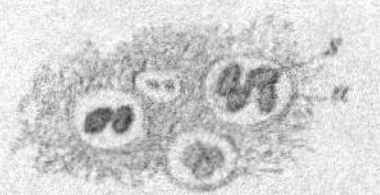

Fig. 187. — Coupe montrant les asques perpendiculaires à la surface de la Morille; (s) spores au nombre de 8 dans chaque asque (a).   Fig. 188. — Asques (a) de la Truffe renfermant des spores (s) noires et hérissées de piquants.

81. Truffe; Truffe a spores noires (*Tuber melanosporum*). Les Truffes sont des Champignons souterrains de forme plus ou moins arrondie et présentant, lorsqu'on les coupe, l'aspect d'un marbre noir veiné de blanc. Les parties noires sont formées par les asques qui renferment ordinairement quatre spores, quelquefois seulement deux ou trois; ce sont ces spores nombreuses et hérissées de petits piquants qui donnent à la Truffe sa couleur noire (fig. 188). Les parties blanches de la Truffe sont formées de petits filaments entrelacés et ne renferment pas de spores.

On trouve les Truffes en creusant la terre dans le voisinage des Chênes; mais il n'y a pas de Truffes partout où il y a des Chênes. Certains champs paraissent privilégiés à cet égard et produisent beaucoup de Truffes, d'autres n'en produisent pas du tout. Le Périgord, certaines parties de la Provence et du Languedoc sont les régions de la France qui produisent le plus de Truffes.

On n'a pas encore pu observer la façon dont les Truffes se développent et on n'a pas trouvé le moyen de les cultiver.

C'est surtout à cause de leur parfum que les Truffes sont recherchées. Les Truffes à chair noire ou brune sont les plus estimées; les grises, qui ne sont pas encore mûres, sont moins parfumées.

On connaît plusieurs autres espèces de Truffes, telles sont la *Truffe d'hiver*, la *Truffe d'été*, etc.; toutes sont bonnes à manger, mais la truffe à spores noires est la meilleure.

PLANTES INDUSTRIELLES

1° Linées

82. Lin ; LIN USUEL *(Linum usitatissimum)*. Le Lin est une plante annuelle à jolies fleurs bleues qu'on cultive en grand dans les champs, pour ses graines dont on extrait de l'huile, et surtout pour ses tiges dont les fibres peuvent se tisser et servir à la fabrication d'une toile très fine.

Le Lin appartient à un petit groupe de plantes qui constitue la famille des *Linées*, et est caractérisé par ses pétales séparés qui tombent facilement et par son pistil dont l'ovaire est divisé en nombreuses loges. Le genre Lin se distingue par ses cinq pétales, ses cinq étamines, les cinq styles qui surmontent son ovaire, ainsi que par ses petites feuilles simples et alternes.

Fig. 189. — Rouissage du Lin.

Le Lin est particulièrement cultivé dans le Nord et l'Ouest de la France. Sa culture exige d'assez grands soins ; il fleurit en juillet et en août.

Pour préparer la filasse de lin, c'est-à-dire pour isoler les fibres, on soumet la tige au *rouissage*, au *teillage* et au *peignage*.

Pour *rouir* le Lin (fig. 189), on fait tremper les tiges dans de l'eau pendant une dizaine de jours ; une grande partie de la tige pourrit, il ne reste plus que le bois et les fibres.

Pour *teiller* le Lin, on brise les tiges de façon à casser les particules de bois, tandis que les fibres résistent.

Il suffit alors de *peigner* avec des peignes spéciaux les tiges teillées, pour séparer les fibres qui constituent la filasse.

La filasse de Lin est très blanche et très fine ; on l'emploie pour fabriquer les meilleures étoffes, la batiste, les dentelles, etc.

Les graines servent à fabriquer l'huile de Lin, employée surtout pour faire du vernis, préparer les couleurs, fabriquer du savon.

2° Résédacées

83. Gaude ; Réséda jaunâtre *(Reseda luteola)*. La Gaude est une grande plante herbacée, à fleurs d'un jaune verdâtre disposées en épi très allongé. C'est une espèce du même genre que le Réséda odorant qu'on cultive souvent en pot, mais qui diffère de la Gaude par ses fleurs plus développées et odorantes.

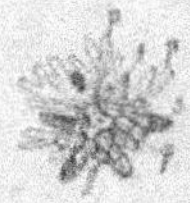

On trouve la Gaude à l'état sauvage dans les endroits pierreux, sur les murs, au bord des chemins ou dans les décombres.

Cette plante fait partie de la famille des *Résédacées*, remarquable par ses fleurs irrégulières à pétales profondément divisés (fig. 190) ; on la reconnaît à son calice formé seulement de quatre sépales et à ses feuilles tout entières et allongées. On cultive la Gaude dans certaines régions du midi de la France pour ses racines, qui renferment une matière colorante jaune employée pour teindre la soie.

Fig. 190. — Fleur de Gaude, (s sépales, (p) pétales.

3° Rubiacées

84. Garance ; Garance des teinturiers *(Rubia tinctorum)*. De la Garance on extrait aussi une matière colorante rouge. On trouve cette plante çà et là dans les haies, dans les champs pierreux. On la cultivait autrefois en grand dans le midi de la France, surtout dans le département de Vaucluse. La culture en est maintenant de plus en plus abandonnée. Cela tient à ce que les chimistes ont réussi à extraire de la houille la matière colorante de la Garance ; cette matière est l'*alizarine*, qu'on peut fabriquer maintenant artificiellement.

La Garance appartient à la famille des *Rubiacées*, caractérisée par des feuilles verticillées, c'est-à-dire insérées par trois ou plus au même niveau sur la tige. Il faut ajouter que les Rubiacées ont des fleurs régulières à pétales soudés entre eux (fig. 191), et que l'ovaire, situé au-dessous de la fleur, se compose de deux loges. Le fruit de la Garance est formé de deux petites baies charnues renfermant chacune une graine (fig. 192).

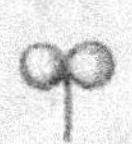

Fig. 191. — Fleur de la Garance.   Fig. 192. — Fruit de la Garance.

La feuille et les tiges de la Garance sont munies de petits aiguillons renversés qui permettent à la plante de s'attacher aux végétaux voisins.

La matière colorante rouge s'extrait des tiges souterraines de la Garance, qui sont elles-mêmes colorées en rouge. On arrache ces tiges après les avoir laissées se développer pendant deux, trois ou quatre ans.

4° Dipsacées

85. Cardère ; CARDÈRE A FOULONS (*Dipsacus fullonum*). Voici une grande plante qui ressemble à un chardon par ses tiges et ses feuilles piquantes et dont les gros capitules de fleurs lilas sont hérissés de paillettes crochues (fig. 193). On la cultive sous le nom de *Chardon à bonnetier*, à cause de l'usage de ses capitules qui servent à carder et à peigner les laines.

La Cardère à foulons, bien que ses fleurs soient en capitule, n'est pas une plante de la famille des Composées. C'est qu'en effet ses fleurs ont des étamines libres entre elles et non à anthères soudées en tube, comme dans les Composées (fig. 194). La Cardère appartient à la petite famille des *Dipsacées*, voisine des Composées.

En examinant un capitule en fleur, on remarque que ce sont les fleurs du milieu qui s'épanouissent les premières ; celles de la base et du sommet ne s'ouvrent qu'ensuite.

Une autre plante qui ressemble beaucoup à la Cardère à foulons, est la Cardère sauvage, qui la remplace quelquefois dans ses usages. C'est aussi une grande plante qu'on

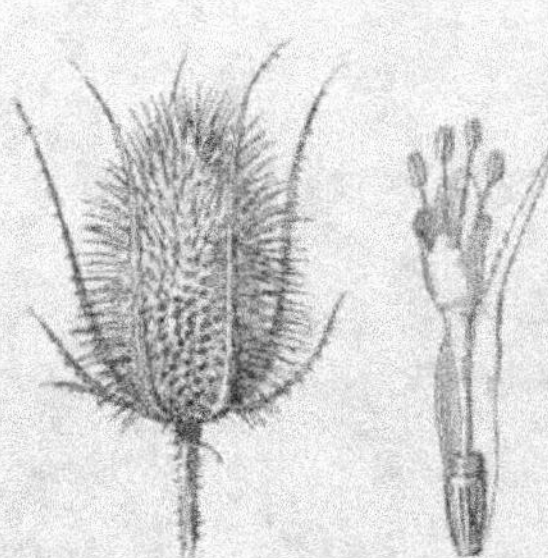

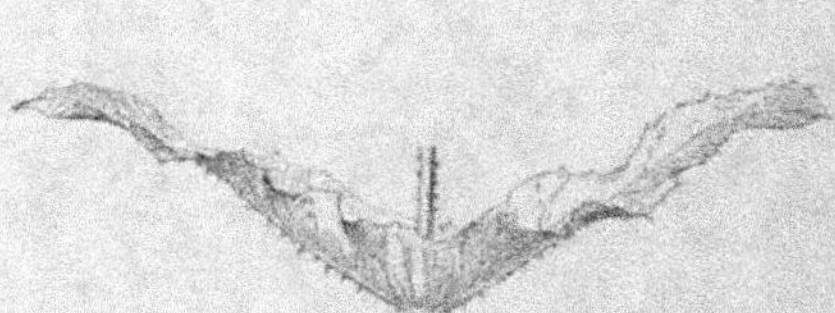

Fig. 193. — Capitule de Cardère après que les fleurs sont flétries.

Fig. 194. — Fleur isolée de Cardère.

Fig. 195. — Feuilles opposées et soudées deux à deux de la Cardère sauvage.

voit fleurir en été sur les talus, dans les fossés ou au bord des bois. Elle est remarquable par ses feuilles opposées soudées deux à deux (fig. 195), et formant tout autour de la tige comme une sorte de cuvette qui récolte de l'eau de pluie et où viennent parfois se désaltérer les petits oiseaux. D'où le nom de *Cabaret des oiseaux*, qu'on donne souvent à la Cardère sauvage.

5° Solanées

86. Tabac; NICOTIANE TABAC (*Nicotiana Tabacum*). Le Tabac est une plante de la famille des *Solanées* que l'on cultive pour ses feuilles. C'est avec les feuilles de cette plante, desséchées et préparées, que l'on fabrique ce qu'on appelle le tabac à fumer, le tabac à priser, les cigares, etc.

NOS FLEURS par M. Legrand des Cloyes. Pl. X. — ARMAND COLIN & Cie ÉDITEURS

Le Tabac, originaire de l'Amérique, est une grande plante herbacée qui peut atteindre plus d'un mètre de hauteur; les fleurs (fig. 196), roses ou rouges, s'épanouissent à la fin de l'été. Le fruit est une capsule renfermant de très nombreuses petites graines et s'ouvrant par deux fentes (fig. 197).

On cultive quelquefois le Tabac dans les jardins, comme plante d'ornement; mais, en France, la Régie n'autorise que la culture d'un nombre limité de pieds, à moins que cette culture ne se fasse sous la surveillance de l'administration et dans certains départements.

Au moment de la découverte de l'Amérique, les indigènes fumaient les feuilles de Tabac dans des sortes de pipes allongées. Nicot, ambassadeur de France en Portugal, en envoya des graines en France, en 1560, d'où le nom de Nicotiane donné à la plante; mais Christophe Colomb en avait envoyé des graines en Espagne plus de trente ans auparavant.

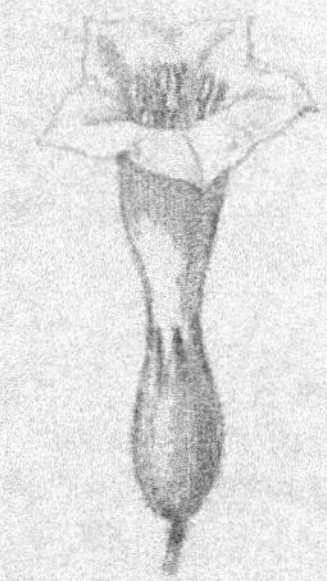

Fig. 196. — Fleur du Tabac. Fig. 197. — Fruit du Tabac.

L'usage du tabac s'étendit peu à peu en Europe et en particulier en France où, d'abord, on prisait le tabac plutôt qu'on ne le fumait. Actuellement, l'usage du tabac est répandu partout et la consommation augmente tous les jours.

Le goût du tabac est dû à une substance vénéneuse qu'on appelle *nicotine*; aussi ne doit-on pas abuser du tabac, qui est surtout nuisible aux enfants et aux adolescents.

Les propriétés nuisibles de la nicotine sont utilisées par les horticulteurs, qui badigeonnent les plantes avec du jus de tabac ou répandent en quantité de la fumée de tabac dans les serres, pour détruire les pucerons qui attaquent les plantes.

Les feuilles de Tabac desséchées sont mouillées dans les manufactures des tabacs, avant d'être soumises aux diverses manipulations qui les transforment en tabac haché, en cigares, en tabac à priser, etc.

6° Acérinées

87. **Érable** ; ÉRABLE CHAMPÊTRE *(Acer campestre)*. L'Érable est un arbre qu'on plante souvent dans les parcs, dans les avenues ou au bord des routes. Son bois est dur et peut se polir ; il reste très longtemps sans s'altérer ; aussi est-il très estimé des menuisiers, des tourneurs et des fabricants d'instruments de musique.

On reconnaît l'Érable à ses feuilles opposées, dont les nervures sont disposées en éventail. Les fleurs sont d'un vert jaunâtre, régulières, à huit étamines.

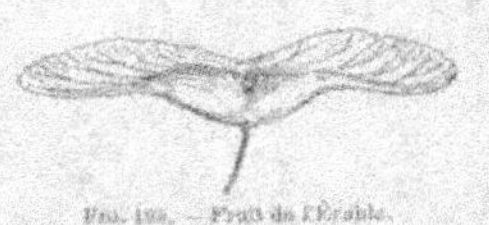

Fig. 198. — Fruit de l'Érable.

Le fruit a une forme tout à fait spéciale : il renferme deux graines et ses parois se prolongent en ailes amincies (fig. 198). A la maturité, les deux parties se séparent, et chacune, munie de son aile, est emportée par le vent en tournoyant, ce qui facilite la dissémination de la plante. Cet arbre fleurit au mois de juin ; il appartient à la famille des *Acérinées*.

L'Érable fournit aussi un bon bois de chauffage, mais sa combustion dure peu, parce que les braises s'éteignent en restant à l'état de charbon.

L'Érable Sycomore, ou simplement le Sycomore, qu'on plante dans les promenades, est un arbre plus élevé, qui diffère de l'Érable champêtre par ses feuilles beaucoup plus grandes.

La sève des Érables renferme beaucoup de matières sucrées. Certaines espèces de l'Amérique du Nord, connues sous le nom d'Érables à sucre, sont exploitées pour fabriquer du sucre qui fait concurrence au sucre de canne ou au sucre de betterave.

7° Ulmacées

88. Orme ; ORME CHAMPÊTRE *(Ulmus campestris)* vulg. : *Ormeau*. L'Orme est aussi un arbre dont le bois est employé dans l'industrie. On le reconnaît à ses feuilles alternes, ovales, aiguës, ayant au milieu une nervure principale d'où partent des nervures secondaires, dont quelques-unes au moins se ramifient; les feuilles sont recouvertes de poils, ce qui les rend rudes au toucher.

Les fleurs s'épanouissent en mars et en avril, bien avant que les feuilles se développent; il n'y a pas de corolle, mais seulement un calice formé de cinq petits sépales verdâtres. Le fruit est ailé comme celui de l'Érable, mais il ne renferme qu'une graine (fig. 199).

Comme le bois de l'Érable, le bois de l'Orme est très dur et résiste à l'humidité; on le recherche surtout pour fabriquer les essieux des roues. C'est un mauvais bois de chauffage.

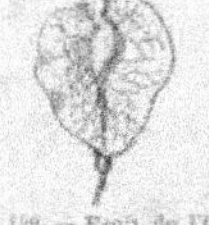

Fig. 199. — Fruit de l'Orme.

On plante très souvent les Ormes au bord des routes ou dans les promenades; ses feuilles paraissent tôt, tombent tard, et par conséquent donnent de l'ombre pendant très longtemps.

Bien que l'Orme diffère beaucoup des Orties par son aspect et la plupart de ses caractères extérieurs, la petite famille des *Ulmacées*, dont il fait partie, est pourtant très voisine de celle des Orties par l'organisation de la fleur et de la graine.

8° Célastrinées

89. Fusain; FUSAIN D'EUROPE (*Evonymus Europæus*) vulg.: *Bonnet de prêtre*. Le Fusain est un arbrisseau de deux à cinq mètres, à feuilles opposées, très finement dentées et à jeunes rameaux d'un vert mat. Les fleurs apparaissent en avril et mai, et les petits fruits roses égayent les buissons et les haies en septembre et octobre.

Le Fusain a des fleurs régulières d'un blanc verdâtre, petites, à quatre étamines placées sur un disque vert (fig. 200). Les fruits, dont la forme a valu à la plante son nom vulgaire de bonnet de prêtre, s'ouvrent à la maturité, par quatre valves, pour laisser échapper des graines colorées en rouge vif. Cet arbuste appartient à la petite famille des *Célastrinées*.

Le bois du Fusain est très homogène et de couleur jaune clair; il est employé par les tourneurs; mais c'est surtout par le charbon de bois qu'il fournit que le Fusain est utilisé dans l'industrie.

Fig. 269. — Fleur du Fusain.

Le bois du Fusain, carbonisé en vase clos, donne un charbon très fin qui est employé pour la fabrication de la poudre et aussi pour faire des crayons appelés ordinairement *fusains*. Ces crayons, comme l'on sait, servent aux dessinateurs pour faire des esquisses, car leurs traits s'effacent facilement. On peut aussi employer les crayons de fusain pour faire des dessins définitifs appelés eux-mêmes *fusains*; mais alors on doit les fixer avec du lait ou un fixatif composé de résine dissoute dans l'alcool.

On cultive dans les jardins une autre espèce du même genre, le Fusain du Japon; il diffère du Fusain d'Europe par ses feuilles luisantes qui ne tombent pas pendant l'hiver.

9° Ilicinées

90. Houx; HOUX A AIGUILLONS *(Ilex aquifolium).* Le Houx est un arbrisseau dont les fleurs ressemblent à celles du Fusain. On le reconnaît à ses feuilles ondulées, irrégulières, munies d'épines sur les bords, dures, luisantes et persistant pendant l'hiver.

En août et septembre, les Houx portent de petits fruits arrondis d'un rouge de corail. L'écorce est lisse et verte dans les jeunes rameaux. Le Houx atteint parfois, dans la France centrale surtout, les dimensions d'un arbre, et peut avoir jusqu'à 8 ou 10 mètres de hauteur. Lorsque les Houx sont âgés, il arrive souvent que les feuilles sont complètement entières, n'ayant qu'une épine à leur extrémité.

Le bois du Houx est très dur et lourd; on l'emploie en ébénisterie pour faire des incrustations; il prend très bien la couleur noire et, bien poli, simule le bois d'ébène. On fait quelquefois une sorte de Thé avec les feuilles desséchées du Houx mises à infuser.

10° Cupulifères

91. Chêne; CHÊNE ROUVRE *(Quercus Robur)*. Le Chêne ordinaire ou Chêne Rouvre est un arbre répandu dans toute la France. Il appartient à la famille des *Cupulifères*; on le reconnaît à ses feuilles divisées en lobes irréguliers et arrondis. Le Chêne fleurit en avril ou mai au moment où les feuilles se développent. Les fruits, *glands du Chêne*, sont mûrs en septembre ou octobre.

Comme dans toutes les Cupulifères, le même arbre porte des fleurs de deux sortes. Les fleurs à étamines sont disposées en un épi allongé et assez irrégulier; chacune renferme un certain nombre d'étamines, ordinairement cinq, entourées d'un calice formé de petites écailles vertes (fig. 201).

Les fleurs à pistil renferment un ovaire surmonté de trois stigmates roses et entouré presque complètement par une quantité de petites écailles soudées entre

FIG. 201. — Fleur à étamines du Chêne.   FIG. 202. — Fleur à pistil du Chêne.   FIG. 203. — Gland du Chêne.

elles (fig. 202). Ces petites écailles forment la *cupule* qui entourera plus tard la partie inférieure du gland mûr (fig. 203). C'est à la présence de cette cupule, qui entoure ainsi le fruit, que les Cupulifères doivent leur nom, comme nous l'avons vu à propos du Châtaignier.

Le bois du Chêne est celui qui réunit les meilleures qualités; aucun bois ne possède à la fois une si grande résistance à l'altération dans l'air et même dans l'eau, et une aussi grande dureté tout en étant d'un travail relativement facile. De plus, tandis que les troncs de dimensions considérables sont utilisés dans l'industrie, les branches plus petites fournissent un bois de chauffage excellent. Aussi le bois de Chêne est-il très employé dans les constructions, le charronnage, la menuiserie et l'ébénisterie.

11

L'écorce du Chêne contient une grande quantité de *tannin*; c'est pour cela qu'on l'emploie pour tanner les cuirs. On broie cette écorce dans des moulins; l'écorce broyée ou *tan* est placée dans des fosses pleines d'eau avec les peaux à tanner.

Pour récolter l'écorce, on la détache du bois lorsque l'arbre est encore sur pied; on coupe ensuite l'arbre pour utiliser le bois. Si on commençait par couper l'arbre, on ne pourrait en enlever l'écorce qui serait trop adhérente au bois.

Les glands du Chêne sont donnés à manger aux porcs. On les emploie souvent aussi pour faire une sorte de café.

92. Chêne-liège; CHÊNE-LIÈGE (*Quercus suber*). Le Chêne-liège diffère du Chêne Rouvre par ses feuilles coriaces, persistantes, luisantes en dessus, grisâtres en dessous et présentant sur les bords de petites dents épineuses.

Cet arbre est remarquable par son écorce qui produit une couche de liège (fig. 204) pouvant atteindre jusqu'à 25 centimètres d'épaisseur. C'est surtout

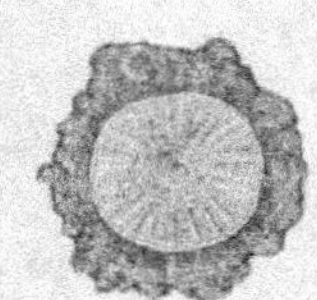
Fig. 204. — Coupe d'une tige de Chêne-liège.

pour l'exploitation du *liège* que l'on propage le Chêne-liège. Lorsqu'un arbre est arrivé environ à sa quinzième année, on enlève une première couche de liège qui est de mauvaise qualité. Cette première opération rend plus rapide la production de nouvelles couches de liège de qualité supérieure et empêche la formation de crevasses. Il se forme ensuite, tous les ans, une couche de liège de 3 à 5 millimètres d'épaisseur, et tous les sept ou huit ans on fait une récolte. L'emploi du liège pour fabriquer des bouchons, des plaques, des semelles, des bouées est bien connu. La légèreté et l'élasticité sont les qualités les plus précieuses du bon liège.

Le Chêne-liège est un arbre des pays chauds. En France on en voit surtout dans les départements des Pyrénées-Orientales, du Var et des Alpes-Maritimes. Dans le Sud-Ouest on trouve une espèce voisine, le *Chêne occidental*, qui fournit aussi du liège.

Le *Chêne vert*, qui est abondant dans toute la région méditerranéenne, ressemble beaucoup au Chêne-liège, mais ne produit pas de liège.

93. Hêtre; HÊTRE DES FORÊTS (*Fagus silvatica*), vulg. : *Fayard*. Le Hêtre est un arbre qui appartient, comme les Chênes, à la famille des Cupulifères; mais tandis qu'il n'y a qu'un fruit dans la cupule du Chêne, il y en a deux dans celle du Hêtre (fig. 205). D'ailleurs, cet arbre se reconnaît à ses feuilles entières, à ses bourgeons allongés, à son écorce lisse et d'un gris clair.

Le Hêtre fleurit en avril ou en mai. On trouve, sur le même arbre, des fleurs à étamines groupées en grappes globuleuses et des fleurs à pistil groupées deux par deux dans une cupule formée de quatre grandes bractées soudées entre elles et couvertes vers l'extérieur de gros poils raides (fig. 205). Les fruits, mûrs en septembre, sont complètement recouverts par la cupule qui a grandi. Ces fruits sont appelés des *faînes*.

Le Hêtre se trouve dans presque toute la France, excepté sur le littoral de la Méditerranée; c'est une des espèces d'arbres les plus importantes.

Le bois du Hêtre est assez dur, mais il ne peut se polir; il n'est pas souple et ne se conserve pas pendant longtemps comme celui du Chêne; c'est surtout un bois de chauffage, excellent aussi pour la fabrication du charbon de bois. On l'emploie néanmoins pour faire des meubles peu élégants mais solides, tels que les meubles de cuisine.

Les fruits du Hêtre sont récoltés pour la fabrication d'une huile appelée *huile de faîne*. L'huile de faîne, ordinairement employée pour l'éclairage, est cependant comestible.

Fig. 205. — Cupule ouverte montrant les deux fruits (Hêtre).

Fig. 206. — Fruit du Charme renfermé dans les trois bractées de la cupule.

Fig. 207. — Feuille du Charme vue par-dessous pour montrer les nervures non ramifiées.

94. Charme; CHARME COMMUN (*Carpinus Betulus*), vulg. : *Charmille*. Le Charme est un arbre qui ressemble beaucoup à l'Orme; on l'en distingue cependant par ses feuilles lisses, dont les nervures secondaires ne se ramifient jamais (fig. 207) ; les feuilles de l'*Orme*, au contraire, qui ressemblent beaucoup à celles du Charme, sont rudes au toucher et présentent toujours quelques nervures secondaires ramifiées.

Les fleurs sont de deux sortes, et les épis de fleurs à étamines se trouvent sur le même arbre que les épis de fleurs à pistil ; le Charme fleurit en avril et mai. Les fruits sont mûrs en août ; chaque fruit est renfermé dans une cupule formée de trois grandes bractées soudées entre elles (fig. 206).

Le Charme est très répandu dans le centre, le Nord et l'Est de la France. Le bois que fournit cet arbre est excellent pour le chauffage ; on ne l'emploie pas comme bois de construction, car il dure peu de temps ; toutefois, à cause de sa dureté et de sa résistance, on s'en sert pour faire des manches d'outils ; les feuilles sont très recherchées par les bestiaux.

On cultive aussi le Charme comme arbre d'ornement dans les parcs et les jardins ; souvent on le taille pour faire des haies ou des tonnelles appelées *charmilles*.

11° Bétulinées

95. Aune ; AUNE GLUTINEUX *(Alnus glutinosa)*. C'est au bord des rivières ou dans les endroits humides que l'on rencontre les Aunes, au feuillage sombre,

Fig. 208. — Cône de l'Aune en fruit.

à l'écorce brune, et dont les racines enchevêtrées retiennent la terre au bord des cours d'eau. On reconnaît facilement l'Aune à ses feuilles comme coupées au sommet ou même échancrées, un peu visqueuses, surtout dans leur jeunesse.

Les fleurs sont groupées en épi comme celles du Peuplier ; il y a des épis de fleurs à étamines et des épis de fleurs à pistil. À l'automne on peut encore voir sur un Aune de petits cônes formés par les fruits mêlés à des écailles (fig. 208).

Le bois d'Aune est mou, cassant et se gerce facilement ; il pourrit rapidement comme celui du Hêtre ; c'est surtout un bois de chauffage.

Le Bouleau qu'on reconnaît à son écorce blanche fait partie comme l'Aune de la famille des *Bétulinées*, petit groupe voisin des Cupulifères.

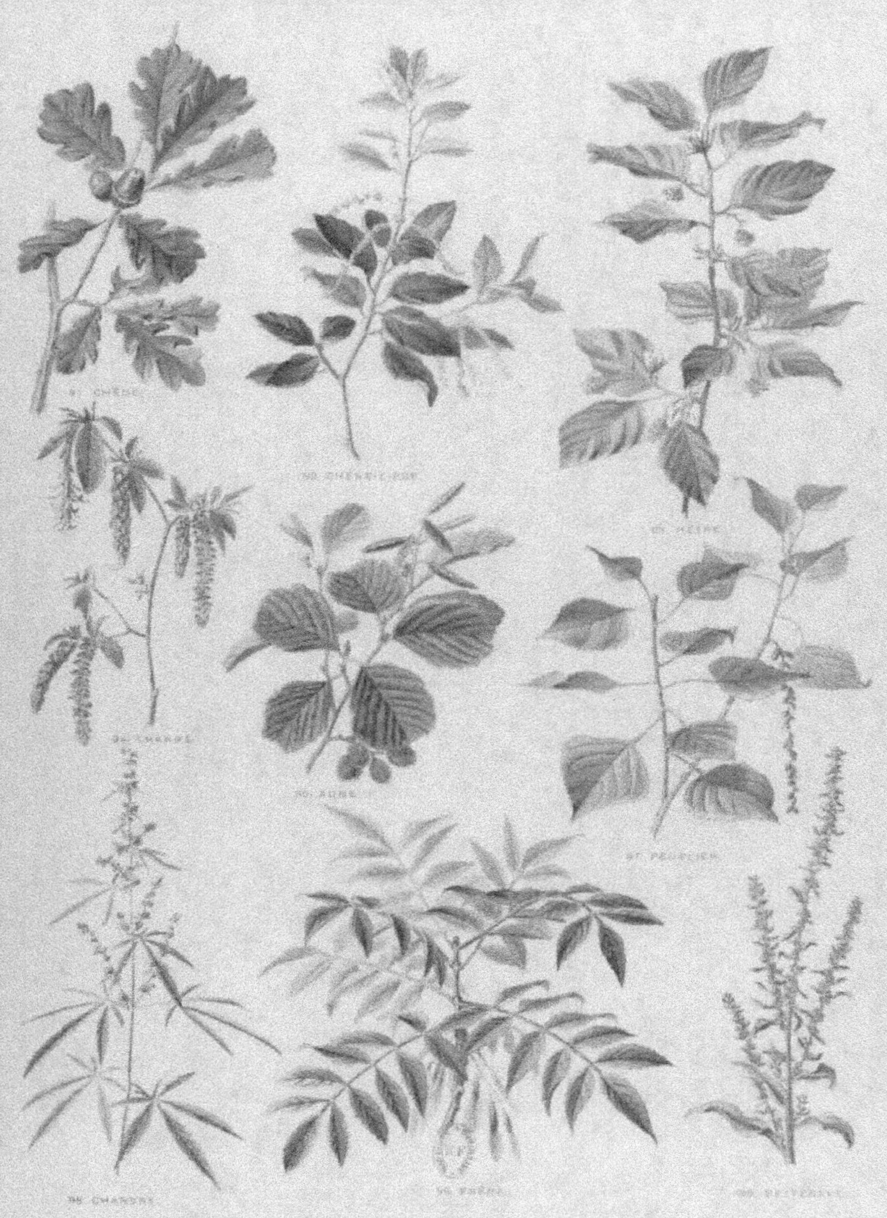

DU CHÊNE
DU CHÈVREFEUILLE
DU HÊTRE
DU CHARME
DU SUREAU
DU PEUPLIER
DU CHANVRE
DU FRÊNE
DE LA BETTERAVE
NOS FLEURS par M. LACROIX DE SABLON   Pl. XV

12° Oléinées

96. Frêne; FRÊNE ÉLEVÉ *(Fraxinus excelsior)*. Le Frêne est un arbre qui se distingue de tous les autres par ses feuilles opposées, composées de folioles rangées sur deux rangs, et par ses bourgeons noirs ; on le trouve dans les forêts, aussi bien en plaine que sur les hautes montagnes ; on le plante souvent sur le bord des chemins ou autour des champs.

Le Frêne est de la même famille que le *Lilas* et l'*Olivier*, la famille des *Oléinées*, caractérisée surtout par ses fleurs à deux étamines et disposées en grappe rameuse. Les fleurs du Frêne apparaissent en avril ou en mai ; elles n'ont ni calice ni corolle,

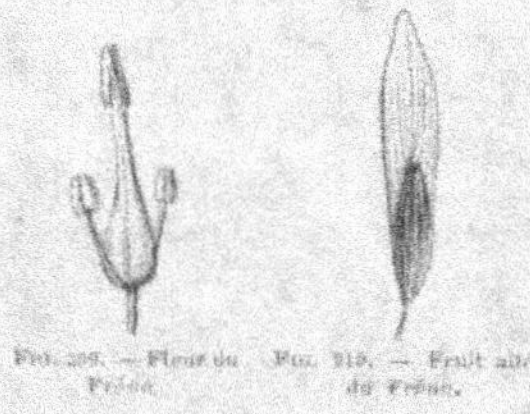

Fig. 209. — Fleur du Frêne.   Fig. 210. — Fruit ailé du Frêne.

et sont seulement formées de deux étamines et d'un carpelle (fig. 209).

Les fruits, mûrs en septembre, sont très caractéristiques ; chacun d'eux ne renferme qu'une graine, et porte un prolongement en forme d'aile qui le fait tourbillonner dans l'air sous l'action du vent (fig. 210).

Le bois de Frêne est surtout employé pour fabriquer des timons et des brancards de voiture, des rames, des cercles de tonneau ; ce bois est blanc ou blanc rosé, doux au toucher lorsqu'il est travaillé. On l'utilise aussi comme bois de chauffage.

13° Salicinées

97. Peuplier; PEUPLIER NOIR *(Populus nigra)*. Les Peupliers forment, avec les Saules, la famille des *Salicinées*, qui est très voisine des Cupulifères. Les fleurs y sont disposées en épi et sans calice ni corolle ; les fleurs à étamines ne sont pas portées par les mêmes pieds que les fleurs à pistil.

Les fruits ne sont pas entourés d'une cupule, et s'ouvrent, lorsqu'ils sont mûrs (fig. 211), pour laisser échapper de toutes petites graines munies chacune d'une aigrette de longs poils soyeux semblables à du coton (fig. 212). Tout le monde a vu au printemps ces graines cotonneuses flotter dans l'air et se répandre au loin grâce à leur grande légèreté.

On reconnaît facilement un Peuplier en examinant le pétiole de ses feuilles qui est aplati vers son sommet perpendiculairement au limbe de la feuille. C'est cette disposition qui fait trembler les feuilles de Peuplier au moindre souffle de vent.

Fig. 211. — Fruit du Peuplier s'ouvrant pour laisser échapper les graines.

Fig. 212. — Graine du Peuplier.

Le Peuplier noir ou *Grisard* est un arbre élevé, à branches étalées et inégales, caractérisé par ses feuilles d'un vert clair, luisantes et aiguës, ainsi que par ses bourgeons visqueux.

Le *Peuplier pyramidal*, dont le tronc est droit et les rameaux tous à peu près verticaux, est une variété bien connue du Peuplier noir. Le *Peuplier blanc* ou *Peuplier de Hollande*, remarquable par ses feuilles blanches et cotonneuses en dessous, est aussi très commun. Citons encore le *Tremble*.

Le bois de Peuplier est blanc, léger, mou ; c'est un bon bois de chauffage ; on s'en sert aussi pour faire des planches légères, mais de qualité inférieure.

14° Cannabinées

98. Chanvre ; CHANVRE CULTIVÉ *(Cannabis sativa)*. On cultive le Chanvre pour les fibres de sa tige qui servent au tissage. Le Chanvre est donc, comme le Lin, une plante textile. Les tiges ont une hauteur qui peut dépasser deux mètres. Les feuilles sont formées de folioles allongées, dentelées sur les bords et disposées en éventail.

Un plant de chanvre ne porte que des fleurs à étamines ou que des fleurs à pistil. Dès que les fleurs sont fanées, les pieds qui portent des fleurs à étamines se dessèchent et meurent, les pieds qui portent les fleurs à pistil vivent plus longtemps, jusqu'à ce que les graines soient mûres.

Les fleurs sont vertes, petites, peu visibles, et dépourvues de corolle ; les fleurs à étamines sont pendantes (fig. 213) ; les fleurs à pistil sont dressées (fig. 214). Les fruits (fig. 215) sont de petits akènes grisâtres renfermant une graine.

Le Chanvre, originaire de l'Asie, appartient à la petite famille des *Canna-*

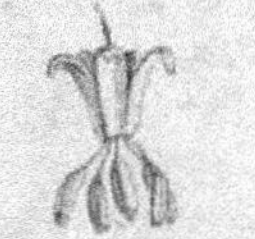

Fig. 213. — Fleur à étamines.   Fig. 214. — Fleur à pistil.   Fig. 215. — Fruit du Chanvre.

binées, voisine de la famille de l'Ortie qui, dans certains pays, est aussi employée comme plante textile.

Le Chanvre fournit des étoffes moins fines que celles faites avec le Lin ; on s'en sert beaucoup pour la préparation d'une filasse très résistante, qu'on emploie pour la fabrication des cordes et des ficelles.

Sous le nom de *Chènevis*, les graines, ou plus exactement les fruits, sont donnés en nourriture à la volaille et surtout aux petits oiseaux qui en sont très friands. Avec leur bec, les oiseaux savent très bien ouvrir les fruits et en retirer la graine qui est seule comestible.

15° Chénopodées

99. Betterave ; BETTE VULGAIRE (*Beta vulgaris*). Le principal usage de la Betterave est la fabrication du sucre. C'est surtout dans le Nord de la France que la culture de cette plante s'est développée. On est arrivé à produire par la culture des plants de Betterave qui, pendant la première année de leur végétation, emmagasinent dans leur racine et le bas de leur tige une provision considérable de sucre qu'on extrait par des procédés industriels.

Sur 100 grammes de Betteraves récoltées, on extrait de 15 à 20 grammes de sucre cristallisé.

On laisse quelquefois fleurir et fructifier un certain nombre de pieds de Betteraves pour en recueillir les graines.

C'est pendant la seconde année de la végétation que se produisent les tiges fleuries aux dépens de la provision de sucre accumulée pendant la première année.

On peut alors examiner les fleurs (fig. 216), qui ressemblent beaucoup à celles de l'Épinard; la Betterave appartient en effet, comme l'Épinard, à la famille des *Chénopodées*.

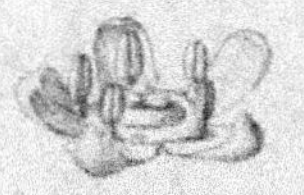

Fig. 216. — Fleur de Betterave.

La Betterave n'est pas seulement cultivée comme plante industrielle pour la fabrication du sucre, c'est encore une plante fourragère; la racine est une excellente nourriture pour les bestiaux; on en donne aux vaches et aux animaux de boucherie; les feuilles sont aussi employées pour le même usage. Certaines variétés sont cultivées comme plante potagère pour l'alimentation de l'homme; on mange les Betteraves en salade après les avoir fait cuire.

On trouve la Betterave à l'état sauvage sur le bord de la mer; mais la racine n'est pas renflée et ne renferme qu'une très faible quantité de sucre.

Une plante très voisine de la Betterave est cultivée dans les jardins sous le nom de *Bette carde* ou de *Poirée*; les feuilles, dont la nervure médiane est très développée, sont comestibles; on les mange cuites ou en salade à la manière des cardons.

Les feuilles de Poirée servent aussi à faire des bouillons appelés *bouillons d'herbe* et qui sont quelquefois employés en médecine.

On distingue plusieurs sortes de Poirées : la *Poirée blanche* dans laquelle la nervure médiane de la feuille est colorée en blanc, la *Poirée rouge* dont la nervure est rouge, la *Poirée blonde* dont la racine très renflée ressemble à celle de la Betterave.

16° Iridées

100. Safran; SAFRAN CULTIVÉ (*Crocus sativus*). Le Safran est une Monocotylédone; les parties semblables de la fleur sont disposées par trois et les nervures de la feuille s'étendent d'un bout à l'autre du limbe sans se ramifier.

Comme dans les Liliacées, on voit autour de la fleur une enveloppe formée de six pièces colorées; trois sont un peu extérieures aux autres, ce sont les sépales; les trois intérieures sont les pétales; sépales et pétales sont, dans le Safran, d'une couleur violacée. Mais, dans la famille des *Iridées*, il n'y a que trois étamines à anthères allongées. Les stigmates du Safran, irrégulièrement frangés, sont d'une couleur jaune orange (fig. 247).

Le Safran est surtout cultivé dans le Gâtinais (partie du Loiret et de l'Eure-et-Loir) et, ce qui est assez curieux, on ne le cultive que pour ses stigmates jaunes qui servent à colorer le beurre et certains autres aliments. On utilise aussi la matière colorante des stigmates pour fabriquer

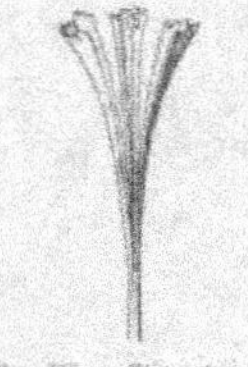

FIG. 247. — Stigmates du Safran.

une teinture jaune, certains vernis, etc. D'autres espèces de Safran, en particulier le *Safran du printemps*, sont cultivées dans les jardins; ces plantes sont remarquables par les couleurs variées de leurs fleurs.

17° Graminées

101. Orge; ORGE COMMUN (*Hordeum vulgare*). L'orge est une plante céréale de la famille des Graminées qui, au premier abord, ressemble assez au Seigle ou au Blé barbu. En regardant l'épi de près, on voit que les épillets, composés d'une seule fleur, sont insérés trois par trois au même niveau sur la tige centrale de l'épi (fig. 248). C'est là le caractère qui permet de reconnaître l'Orge. Le grain d'Orge est formé par le fruit entouré des glumelles qui ne se détachent pas facilement comme dans le Blé ou le Seigle.

L'Orge est remarquable par la rapidité de sa croissance ; aussi le cultive-t-on beaucoup dans le Nord et dans les montagnes où l'été est très court. La farine d'Orge fait un pain lourd et grossier, moins nourrissant que le pain de Blé et même de Seigle. L'Orge est une excellente nourriture pour les bestiaux. En Algérie et dans les pays chauds, on préfère l'Orge à l'Avoine pour les chevaux. On peut aussi faucher l'Orge avant la floraison ; c'est alors un très bon fourrage.

Le principal usage de l'Orge est la fabrication de la *bière*. Pour faire de la bière, on fait d'abord

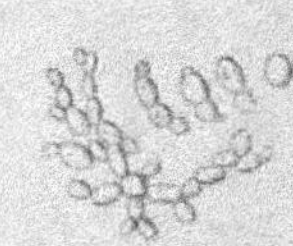

Fig. 218. — Trois épillets d'Orge insérés au même point.

Fig. 219. — Grain d'Orge germé.

Fig. 220. — Levûre de bière.

germer l'Orge (fig. 219) dans de grandes salles chauffées appelées *germoirs*. Pendant la germination, une partie de l'amidon renfermé dans la graine se transforme en sucre. Lorsqu'on juge cette transformation suffisante, on arrête la germination ; on fait dessécher les grains d'Orge germés, on les broie et on met dans de l'eau chaude la farine ainsi obtenue. Le sucre renfermé dans le grain se dissout alors dans l'eau et forme un liquide sucré appelé *moût*.

On ajoute au moût une pâte formée par un Champignon microscopique connu sous le nom de *Levûre de bière* (fig. 220). Sous l'action de la Levûre, le sucre du moût fermente et se transforme en alcool en dégageant en grande quantité du gaz acide carbonique. Il ne reste plus, pour avoir de la bière, qu'à parfumer avec du Houblon le moût ainsi fermenté.

La bière est donc faite avec le sucre formé pendant la germination de l'Orge, comme le vin est fait avec le sucre du raisin.

18° Conifères

102. Sapin; SAPIN PECTINÉ *(Abies pectinata)*, vulg. : *Sapin blanc, Sapin des Vosges*. Le Sapin est un arbre bien différent de tous ceux que nous avons étudiés jusqu'à présent. Il contient de la résine ; ses feuilles en aiguille persistent pendant l'hiver ; la tige, droite et élancée, porte des rameaux horizontaux disposés très régulièrement.

Parmi les arbres résineux, on reconnaît le Sapin à ses feuilles attachées isolément sur la tige et présentant en dessous deux raies blanches (fig. 221). Les Sapins, ainsi que les autres arbres résineux de notre pays, diffèrent de toutes les plantes examinées jusqu'à présent par l'absence de stigmate sur

Fig. 221. — Feuille de Sapin insérée isolément sur la tige, vue par-dessous et montrant deux raies blanches. Fig. 222. — Branche de Sapin avec 2 cônes dressés ; l'un d'eux perd ses écailles. Fig. 223. — Étamine de Sapin. Fig. 224. — Carpelle de Sapin.

le pistil ; de plus, les ovules ne sont pas renfermés dans un ovaire clos, mais suspendus à un carpelle ouvert en forme d'écaille. Ces carpelles (fig. 224) sont groupés de façon à former ce qu'on appelle un *cône* (fig. 222).

D'autres écailles, groupées aussi en petits cônes, renferment du pollen ; ce sont les étamines du Sapin (fig. 223).

Les cônes s'accroissent beaucoup pendant que les graines mûrissent (fig. 222) ; ils sont toujours dressés et formés d'écailles qui se détachent isolément à la maturité. Le Sapin appartient à la famille des *Conifères*, qui renferme tous les arbres résineux de nos pays.

On trouve le Sapin dans les montagnes (Vosges, Jura, Auvergne, Alpes, Pyrénées). C'est un arbre qui peut devenir très gros et vivre très longtemps ; on en a trouvé dans les Pyrénées qui avaient plus de huit cents ans. Le bois est employé pour faire des planches, des poutres, des mâts de navire.

103. Épicéa ; ÉPICÉA ÉLEVÉ (*Picea excelsa*). L'Épicéa est un arbre résineux à feuilles persistantes, qui a le même aspect que le Sapin ; les feuilles en aiguille sont aussi insérées isolément sur la tige, mais elles ne présentent pas deux lignes blanches sur la face inférieure ; aussi l'ensemble du feuillage paraît-il plus sombre.

Fig. 225. — Cônes pendants de l'Épicéa.

Les cônes sont pendants au lieu d'être dressés (fig. 225) et se détachent tout entiers de la tige, au lieu de tomber écaille par écaille comme les cônes du Sapin.

L'Épicéa peut atteindre jusqu'à cinquante mètres d'élévation. Il pousse en abondance dans les forêts des hautes montagnes ; on le plante aussi dans les parcs comme arbre d'ornement. Le bois est employé aux mêmes usages que le bois de Sapin, mais comme il est beaucoup plus résineux, il se conserve plus longtemps et est beaucoup plus estimé.

104. Pin maritime (*Pinus maritima*). C'est encore un arbre de la famille des Conifères, mais les feuilles, au lieu de s'insérer isolément sur la tige s'y attachent deux par deux ; en réalité, les deux feuilles voisines sont portées par un rameau très court fixé lui-même sur la tige ; on reconnaît aussi les Pins à leurs cônes (fig. 226) dont les écailles sont renflées au sommet, et à leurs graines entourées d'une mince membrane en forme d'aile (fig. 227). Le Pin maritime se distingue des autres Pins par sa feuille très longue, de dix à quinze centimètres, et par ses gros cônes dont la longueur peut dépasser douze centimètres.

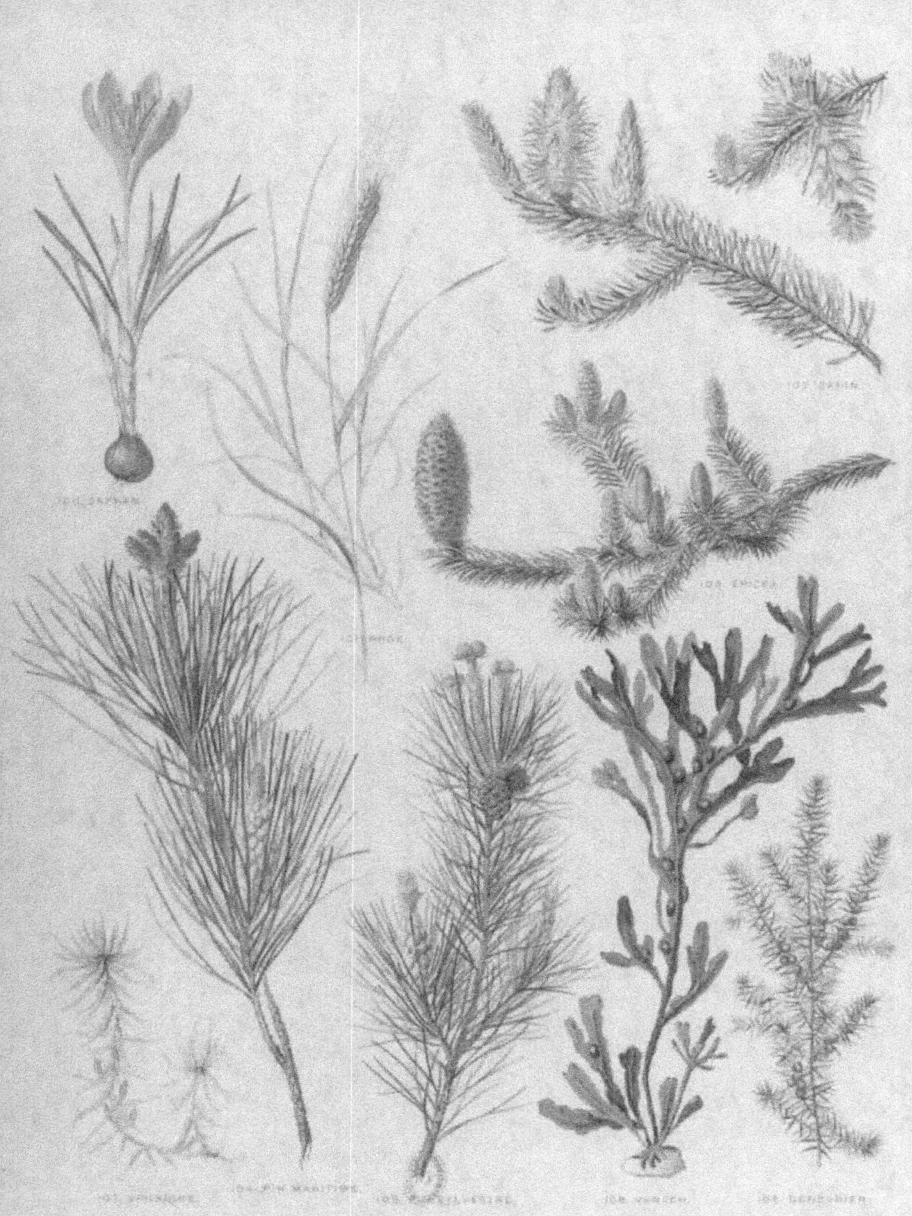

Le Pin maritime se contente d'un sol très maigre ; on en a planté de grandes quantités dans les sables des dunes du département des Landes. Les dunes ont été ainsi fixées, et ont cessé de s'avancer vers l'intérieur des terres, poussées par le vent de la mer. D'immenses espaces complètement stériles ont pu ainsi être transformés en forêts très productives.

Le Pin maritime renferme beaucoup de résine. En faisant une entaille dans le tronc, on peut, en effet, retirer de la résine utilisable dans l'industrie. De plus, les Pins des Landes fournissent une grande quantité de bois de chauffage qui alimente presque toutes les boulangeries de Paris. Le Pin maritime se trouve dans les forêts du Midi de la France ; on a dû renoncer à en planter dans le Nord, parce que les hivers y sont trop rigoureux ; ainsi, l'hiver 1879-1880 a tué presque tous les Pins maritimes qui étaient plantés aux environs de Paris.

Le bois de Pin maritime est excellent pour la construction ; on l'emploie beaucoup pour les charpentes et les constructions navales.

Fig. 226. — Cône de Pin maritime.   Fig. 227. — Résine de Pin maritime.   Fig. 228. — Cône du Pin silvestre.

105. Pin silvestre (*Pinus silvestris*) ; vulg. : *Pin rouge du Nord*. Le Pin silvestre est un arbre résineux très voisin du précédent ; il en diffère surtout par la longueur de ses feuilles qui n'ont que de trois à six centimètres, par ses cônes beaucoup plus petits (fig. 228), et par son écorce de couleur bronzée vers le haut de l'arbre. Le bois de Pin silvestre est le meilleur bois pour la mâture des vaisseaux ; on l'emploie aussi beaucoup pour la menuiserie et les constructions. C'est un très bon bois de chauffage qui brûle d'autant plus facilement qu'il est plus résineux.

106. Genévrier; GENÉVRIER COMMUN *(Juniperus communis)*. Le Genévrier est un arbuste à feuilles piquantes, blanchâtres à leur face supérieure; on le trouve dans toute la France et en particulier sur les coteaux calcaires.

Sur un même Genévrier on ne trouve que des fleurs à étamines ou que des fleurs à pistil. Les écailles qui portent les graines, au lieu de devenir dures et ligneuses comme dans le Pin, deviennent au contraire molles et charnues; en se soudant entre elles, elles forment de petites boules qui renferment les graines et deviennent bleuâtres à la maturité; c'est ce qu'on appelle vulgairement les baies de Genévrier (fig. 229). Ces baies servent à fabriquer le *gin*, liqueur alcoolique dont les marins font une grande consommation dans les pays du Nord; on extrait du bois une huile noirâtre à odeur très forte, l'*huile de cade*, employée pour guérir les moutons de la gale.

Fig. 229. — Baie de Genévrier coupée en long pour montrer les graines.

Le bois, d'un blanc jaunâtre, est à la fois très beau, très compact et très léger. Les grives et les merles sont très friands des baies de Genévrier, qui communiquent à leur chair un parfum très recherché.

19° Mousses

107. Sphaigne; SPHAIGNE A FEUILLES AIGUËS *(Sphagnum acutifolium)*. Les Sphaignes sont des plantes sans fleurs ou *Cryptogames*, appartenant au grand groupe des *Muscinées* qui renferme toutes les *Mousses*. On y reconnaît des tiges et des feuilles, mais il n'y a pas de racines; ces organes sont remplacés par de petits poils qui se développent sur les parties inférieures de la tige. Les Sphaignes croissent dans les endroits humides et marécageux et forment un épais tapis d'un vert très clair.

La reproduction des Sphaignes se fait à l'aide d'organes analogues à ceux que nous avons étudiés chez les Fougères, mais disposés d'une façon toute différente. Au sommet de certaines tiges, on peut trouver de petits corps tout à fait semblables aux archégones des Fougères ; ce sont aussi des *archégones* (fig. 230), renfermant une petite masse appelée *oosphère*. D'autres tiges portent de petits corps arrondis (*anthéridies*) (fig. 231), d'où sortent de petits organes microscopiques en forme de fils enroulés en spirale et munis de deux cils à leur extrémité ; ce sont

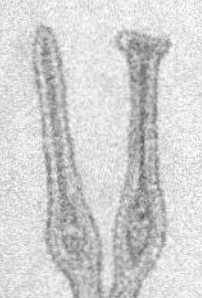

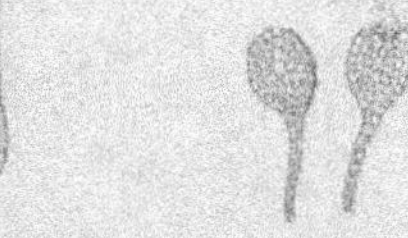

Fig. 230. — Archégones de Sphaigne.　　Fig. 231. — Anthéridies laissant échapper les Anthérozoïdes.　　Fig. 232. — Anthérozoïde très grossi.　　Fig. 233. — Capsule de Sphaigne.

les *anthérozoïdes* (fig. 232) qui se meuvent rapidement dans l'eau. Un anthérozoïde venant à entrer dans l'archégone se fusionne avec l'oosphère et forme un œuf qui se développe au sommet même de la tige.

L'œuf, en se développant, donne naissance à un petit organe arrondi, la *capsule* (fig. 233) qui a environ un ou deux millimètres de diamètre. A l'intérieur de la capsule sont les *spores*, petits grains microscopiques comparables aux spores de Fougères. Les spores, en germant, produisent plus ou moins directement des tiges garnies de feuilles, qui à leur tour porteront des archégones et des anthéridies.

Pendant que la partie supérieure de la tige s'accroît, la partie inférieure qui est plongée dans l'eau meurt et subsiste très longtemps sans se décomposer. Il peut se former ainsi au fond des marais une épaisse couche de détritus de Sphaigne.

A l'abri de l'air, ces détritus subissent une décomposition incomplète et se transforment en une substance combustible qui renferme beaucoup de charbon. C'est là l'origine de la *tourbe*, matière combustible qu'on trouve en abondance dans certaines régions et notamment aux environs d'Amiens. La tourbe est de beaucoup inférieure à la houille comme combustible ; les feux de tourbe donnent beaucoup de fumée et laissent beaucoup de cendres.

20° Algues

108. **Varech** ; Varech vésiculeux (*Fucus vesiculosus*). Les Varechs sont encore des Cryptogames, des plantes sans fleurs, mais on n'y peut reconnaître ni racine, ni tige, ni feuille ; le corps de la plante forme ce que l'on appelle un *thalle* ; le Varech appartient au grand groupe des *Thallophytes*. Les Champignons que nous avons déjà étudiés sont aussi des Thallophytes, mais ne renferment pas dans leurs tissus, comme le Varech, la matière verte que nous avons appelée *chlorophylle*. Les Varechs sont des Thallophytes à chlorophylle, c'est-à-dire des *Algues*.

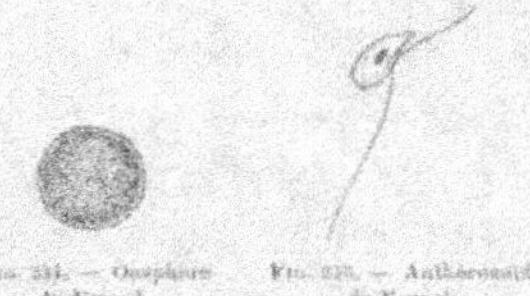

Fig. 234. — Oosphère de Varech. Fig. 235. — Anthérozoïde de Varech.

Les Varechs existent en très grande abondance au bord de la mer ; ils ont la forme de petites lanières brunes, irrégulièrement divisées et fixées aux rochers par une de leurs extrémités ; on y observe çà et là de petites vésicules pleines d'air qui permettent à la plante de flotter lorsqu'elle est plongée dans l'eau ; de là le nom de *Varech vésiculeux* donné à cette plante ; comprimées avec les doigts, ces vésicules éclatent en produisant une petite détonation.

La reproduction du Varech se fait d'une façon bien curieuse. A l'extrémité de certaines branches du thalle on voit quelques points jaunâtres. A ces points correspondent de petites cavités d'où sortent soit de petites masses arrondies immobiles appelées *oosphères* (fig. 234), soit des *anthérozoïdes* (fig. 235), petits corps en forme de poire, et mobiles à l'aide de deux cils. Si un anthérozoïde en nageant dans l'eau de la mer vient à rencontrer une oosphère, il se fusionne avec cette oosphère et forme ainsi un *œuf*. Cet œuf germe immédiatement et produit un nouveau Varech.

Les Varechs forment sur le bord de l'Océan d'immenses prairies qui sont en partie découvertes à marée basse et complètement recouvertes par l'eau à marée haute. On s'en sert surtout comme engrais ; on peut aussi en extraire certaines substances telles que l'*iode* et le *brome*.

PLANTES FOURRAGÈRES

1° Papilionacées

109. Trèfle; TRÈFLE DES PRÉS (*Trifolium pratense*), vulg. : *Trèfle rouge*.
Le Trèfle des prés a ses fleurs disposées en capitule, mais il est facile de voir
que cette plante n'est pas une Composée. En examinant la corolle d'une fleur

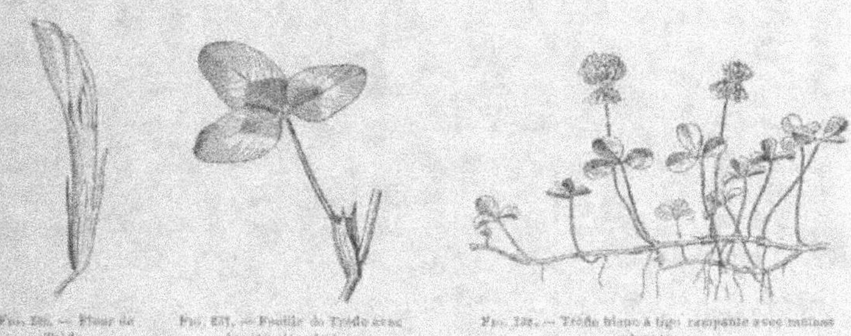

Fig. 236. — Fleur de Trèfle.

Fig. 237. — Feuille de Trèfle avec les stipules striées.

Fig. 238. — Trèfle blanc à tige rampante avec racines adventives.

(fig. 236), nous y reconnaissons en effet l'étendard, les deux ailes et la carène,
comme dans les Papilionacées; le Trèfle appartient donc à la famille des *Papilionacées* ou *Légumineuses*.

La feuille, à laquelle le genre Trèfle doit son nom, est composée de trois
folioles. A son point d'attache avec la tige, chaque feuille porte deux stipules
striées (fig. 237) qui sont soudées avec le pétiole.

13

On reconnaît les Trèfles à leur corolle qui ne se détache pas après la floraison, mais persiste encore longtemps autour du fruit après s'être flétrie.

Le Trèfle des prés est un bon fourrage; on le trouve souvent dans les prairies naturelles; on le cultive surtout dans les prairies artificielles et dans les champs. Il est dangereux pour les bestiaux de le pâturer seul, mais mélangé à l'herbe il la rend plus nourrissante.

Le Trèfle a l'inconvénient de perdre facilement ses feuilles lorsqu'il est coupé et de noircir à l'humidité. On doit le faner par un temps sec, et ne pas le retourner ou le manier trop brusquement.

On sème ordinairement le Trèfle au printemps, dans un champ où il y a déjà du Blé; la première année, les jeunes pieds de Trèfle restent très petits et ne donnent pas de récolte. C'est seulement la seconde année que la floraison a lieu et que les tiges sont assez grandes pour être fauchées.

Le *Trèfle blanc* (fig. 238), à tiges rampantes et à fleurs blanches, est la meilleure des espèces de Trèfles pour les pâturages. Les prairies artificielles de la Normandie et du Nivernais doivent leur réputation surtout au Trèfle blanc qu'on y cultive.

On pourrait citer encore bien des espèces de Trèfles; mentionnons le *Trèfle incarnat* ou *Trèfle anglais*, qui a de grandes tiges dressées, couvertes de poils mous et terminées par des fleurs d'un beau rouge. On cultive ce Trèfle dans les champs comme fourrage de printemps.

Dans les montagnes, on rencontre aussi d'autres espèces de Trèfles; la plus remarquable est le *Trèfle des Alpes*, connu sous le nom de *Réglisse de montagne*; la tige souterraine de cette plante est, en effet, sucrée et peut servir aux mêmes usages que la tige de Réglisse.

110. Sainfoin; Sainfoin cultivé (*Onobrychis sativa*), vulg.: *Esparcette*. Nous reconnaissons facilement à la forme de sa corolle que le Sainfoin est une Papilionacée. Les fleurs sont en grappes et les feuilles ont un grand nombre de folioles disposées par paires, avec une foliole terminale située au bout du pétiole.

Le fruit (fig. 239), couvert de petits tubercules, ne renferme qu'une graine; il est *indéhiscent*, c'est-à-dire qu'il ne s'ouvre pas.

On rencontre le Sainfoin à l'état sauvage dans certaines prairies, surtout dans le Jura et la Savoie. On le cultive de préférence dans les sols secs et calcaires qui sont peu favorables à la Luzerne.

C'est un excellent fourrage, mais qui devient dur si on le laisse trop mûrir.

Fig. 239. — Fruit de Sainfoin.

Le Sainfoin est la meilleure plante pour les abeilles. Les fleurs produisent un nectar très sucré et très abondant, qui fournit du miel blanc pouvant facilement cristalliser. Le célèbre miel du Gâtinais est un miel de Sainfoin presque pur.

111. Luzerne; LUZERNE CULTIVÉE (*Medicago sativa*). La Luzerne est encore une Papilionacée ; on ne la trouve pas à l'état sauvage ni, en général, dans les prairies naturelles.

On reconnaît la Luzerne cultivée à ses fleurs violettes disposées en grappes et à ses feuilles composées de trois folioles dentées et aiguës. Le fruit de la Luzerne est surtout caractéristique (fig. 240). C'est une gousse qui s'enroule sur elle-même à mesure qu'elle mûrit, et qui ne s'ouvre que d'un côté.

Fig. 240. — Fruit de la Luzerne.

Comme le Trèfle des prés, la Luzerne peut être mauvaise pour les bestiaux qui la pâturent à l'état vert ; elle produit quelquefois, chez les moutons et les bœufs, une indisposition assez grave, connue sous le nom de *météorisation*, et qui est caractérisée par un gonflement énorme de la panse.

La Luzerne est cultivée de la même façon que le Trèfle, mais fournit plus de fourrage ; un champ de Luzerne peut être fauché quatre fois par an et continuer à donner de bonnes récoltes pendant six ou sept ans.

On voit quelquefois, dans un champ de Luzerne en pleine prospérité, certaines touffes se dessécher et mourir ; puis les touffes voisines des touffes mortes meurent à leur tour et ainsi de suite. La Luzerne ne tarde pas à disparaître de la prairie tout entière. La cause de cette destruction est un champignon qui se développe sur les racines de la Luzerne et se propage de proche en proche.

D'autres espèces de Luzernes sont aussi cultivées ; une des plus estimées, la *Luzerne lupuline*, vulgairement appelée *Minette*, est reconnaissable à ses petites fleurs jaunes en grappe arrondie; c'est un fourrage printanier de bonne qualité. On peut citer encore la *Luzerne en faux*, souvent mêlée à la Luzerne cultivée, mais dont les fleurs sont plus grandes et le fruit recourbé seulement en forme de faux au lieu d'être enroulé.

112. Lotier; LOTIER CORNICULÉ *(Lotus corniculatus)*. Le Lotier est une Papilionacée, reconnaissable à ses feuilles qui semblent, au premier abord, formées de cinq folioles. En examinant les choses de près, on voit que la feuille (fig. 241) n'a que trois folioles et possède à sa base deux stipules larges, assez semblables aux folioles. Les fleurs sont jaunes et disposées en couronne: souvent les fleurs sont d'une couleur rouge dans le bouton.

Le fruit (fig. 242) est une gousse s'ouvrant par deux fentes; les deux parties du fruit ou valves s'enroulent en tire-bouchon en faisant tomber les graines. C'est précisément cette ouverture du fruit, souvent trop brusque, qui rend difficile la récolte des graines du Lotier. Aussi sème-t-on rarement, dans les prairies artificielles, cette plante qui fournit cependant un excellent fourrage. Le Lotier se trouve néanmoins dans la plupart des prairies, où il pousse naturellement. On le rencontre aussi très souvent dans les bois, au bord des chemins, dans les lieux incultes.

Fig. 241. — Feuille de Lotier.

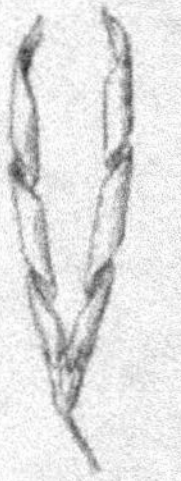

Fig. 242. — Fruit du Lotier, ouvert, avec ses valves enroulées.

2° Rosacées

113. Pimprenelle; PIMPRENELLE SANGUISORBE *(Poterium Sanguisorba)*. Voici une plante fourragère d'un tout autre aspect que les précédentes. A ses feuilles dentées et munies de stipules, à ses étamines nombreuses et insérées sur le calice, nous reconnaissons une Rosacée; toutefois il n'y a pas de

NOS FLEURS par M. LECLERC DU SABLON PL. XIII
ARMAND COLIN & Cie Editeurs

corolle. La Pimprenelle appartient en effet à un groupe de Rosacées dépourvues de pétales, mais qu'il est impossible de séparer du reste de la famille, à cause de l'ensemble des autres caractères.

Les fleurs de Pimprenelle sont réunies en masses globuleuses ; les unes sont à étamines (fig. 243), les autres à pistil (fig. 244) ; quelques-unes même ont à la fois étamines et pistil.

Fig. 243. — Fleur à étamines.

Fig. 244. — Fleur à pistil de la Pimprenelle.

Cette plante, très nourrissante pour les bestiaux, est surtout recherchée par les moutons et les lapins. Beaucoup de personnes la considèrent comme malsaine pour les bœufs et les chevaux. La Pimprenelle convient surtout pour des prairies artificielles faites dans des terrains maigres et destinés à servir de pâturages aux moutons.

Les graines de Pimprenelle sont ordinairement mêlées en assez grande abondance aux graines de Sainfoin ; aussi trouve-t-on presque toujours de la Pimprenelle dans les champs de Sainfoin. Dans certains pays on arrache avec soin les pieds de Pimprenelle ainsi égarés, sous prétexte qu'ils communiquent au fourrage de mauvaises qualités.

3° Plantaginées

114. Plantain ; PLANTAIN LANCÉOLÉ (*Plantago lanceolata*). Le Plantain appartient à la famille des *Plantaginées*, dont nous n'avons pas encore parlé. Les fleurs sont très petites et disposées en épi allongé ; la corolle est formée de pétales soudés entre eux, longuement dépassés par quatre grandes étamines (fig. 245). Le fruit, qui a la forme d'une petite boîte

Fig. 245. — Fleur isolée du Plantain.

Fig. 246. — Fruit de Plantain s'ouvrant par un couvercle.

allongée (fig. 246), s'ouvre comme par un couvercle pour laisser sortir les graines. Dans le Plantain lancéolé, les feuilles, très allongées, sont toutes situées à la base de la tige.

Le Plantain est très recherché par les bestiaux, mais ne donne pas un foin abondant ; c'est surtout une plante précieuse dans les prairies rases et dans les pâturages de coteaux.

On utilise aussi le Plantain en médecine ; les feuilles sont amères et servent à faire des infusions. On traite certaines maladies des yeux par des décoctions de feuilles de Plantain.

4ᵉ Graminées

115. Avoine; AVOINE CULTIVÉE (*Avena sativa*). Cette plante appartient à la famille des *Graminées*.

Les fleurs sont réunies en épillets retombants, situés sur des rameaux fins et allongés. Chaque épillet (fig. 247) porte, comme dans le Blé, deux glumes à sa base et renferme plusieurs fleurs dont la glumelle inférieure est munie d'une longue arête (fig. 248).

C'est là l'un des meilleurs caractères du genre Avoine.

Fig. 247. — Épillet d'Avoine.

Fig. 248. — Glumelle d'Avoine avec son arête.

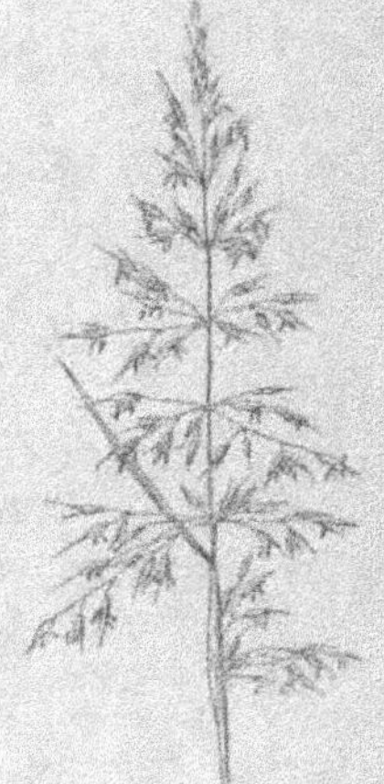

Fig. 249. — Tige fleurie de Fromental.

L'Avoine est cultivée comme céréale pour ses grains qu'on donne surtout aux chevaux ; mais on cultive aussi beaucoup cette Graminée comme fourrage, en la fauchant au moment de la floraison.

Dans les champs d'Avoine cultivée, on trouve souvent quelques pieds d'une autre espèce, l'*Avoine folle*, qui fournit un grain de très mauvaise qualité. Il est très difficile de détruire complètement l'Avoine folle, car ses grains sont mûrs avant ceux de l'Avoine cultivée et peuvent tomber et se semer ainsi d'eux-mêmes avant la moisson.

Le *Fromental*, qui pousse dans les prairies naturelles, est aussi une Graminée du genre Avoine ; ses épillets étalés presque horizontalement (fig. 249) sont beaucoup plus petits que ceux de l'Avoine cultivée. On sème le Fromental dans les prairies artificielles.

Une variété de Fromental, connue sous le nom d'Avoine à chapelets, à cause de ses tiges souterraines renflées en tubercules successifs (fig. 250), se répand parfois dans les champs et s'y développe à la façon du Chiendent ; l'Avoine à chapelets est très nuisible aux plantes cultivées parmi lesquelles elle pousse ; les cultivateurs doivent la détruire.

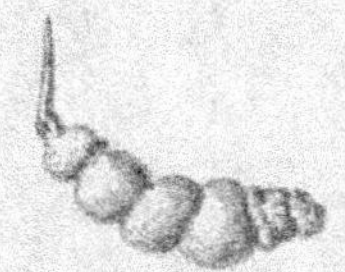

Fig. 250. — Tige renflée en tubercules de l'Avoine à chapelets.

116. Phléole ; PHLÉOLE DES PRÉS (*Phleum pratense*). Cette Graminée diffère des précédentes par ses petits épillets serrés les uns contre les autres. Chaque épillet ne renferme qu'une seule fleur et est entouré par deux glumes plus longues que la fleur (fig. 251).

Le Phléole des prés est une bonne plante pour la formation de prairies artificielles. C'est l'une des Graminées qui fleurit le plus tard, mais elle produit cependant une importante seconde coupe.

Un genre de Graminées voisin du genre Phléole est le genre Vulpin, qui est aussi un excellent fourrage. L'ensemble des épillets est serré et cylindrique comme dans le Phléole (fig. 252), mais les glumes du *Vulpin des prés* sont aiguës et terminées par une petite arête.

Le *Vulpin des champs* est une espèce annuelle voisine de la précédente et qui pousse dans les cultures de céréales. Lorsque cette plante est en feuille, il est difficile, au premier abord, de la distinguer du Blé ou de l'Orge ; ce n'est que lorsque les fleurs apparaissent que le cultivateur s'aperçoit que son champ est envahi par une mauvaise herbe. C'est ce qui a valu au Vulpin des champs le surnom de *trompe-bonhomme*.

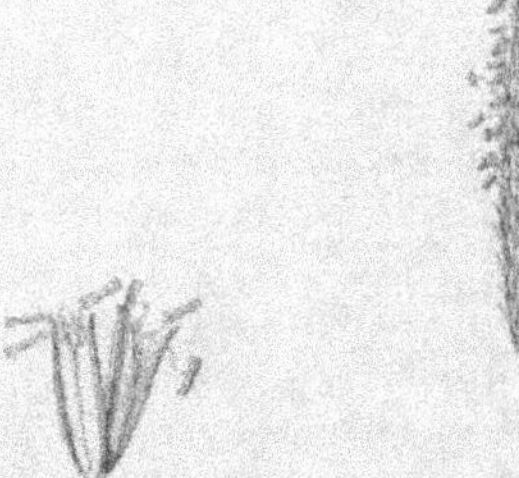

Fig. 251. — Deux épillets de Phléole.   Fig. 252. — Inflorescence de Vulpin.   Fig. 253. — Épillet de Dactyle.

117. Dactyle; DACTYLE PELOTONNÉ (*Dactylis glomerata*). Des épillets verdâtres à nombreuses fleurs (fig. 253) toutes tournées du même côté et formant plusieurs masses compactes, tels sont les caractères qui permettent de reconnaître facilement cette Graminée commune. On peut la distinguer, même lorsqu'elle n'est pas en fleur, à ses tiges aplaties et à ses feuilles d'un vert grisâtre qui forment de grandes touffes.

On peut dire qu'on trouve le Dactyle dans toutes les prairies de France, sous tous les climats et à toutes les altitudes.

Les avis sont partagés, suivant les régions, sur les qualités du Dactyle comme plante fourragère. Dans certaines parties de la Normandie, on arrache cette plante dans les prairies artificielles, parce qu'elle donne un foin grossier et prend la place de Graminées meilleures; dans d'autres contrées, au contraire, on recommande beaucoup le Dactyle qui donne un foin abondant.

En somme, il vaut mieux n'en pas mettre dans les prairies, car c'est une plante envahissante et qui domine rapidement aux dépens des Phléoles, des Vulpins, des Paturins, etc.; mais on peut se proposer de cultiver le Dactyle seul. Dans un bon terrain, on obtient alors un rendement considérable.

PLANTES NUISIBLES AUX CULTURES

1° Caryophyllées

118. **Nielle**; Lychnis Githage (*Lychnis Githago*), vulg. : *Nielle des blés, Couronne des blés, Gasse*. La Nielle, aux grandes fleurs d'un rouge lilas (fig. 254), se trouve dans les champs de céréales, mêlée au Blé, au Seigle, à l'Avoine. Cette plante fait partie d'une famille que nous n'avons pas encore étudiée, la famille des *Caryophyllées*, à laquelle appartiennent l'*Œillet*, le *Mouron des oiseaux*, la *Saponaire*, etc.

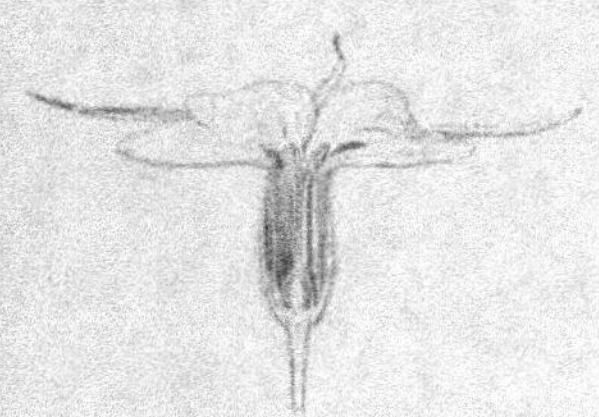

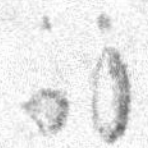

Fig. 254. — Fleur de Nielle coupée en long.

Fig. 255. — Ovaire de Nielle coupé en travers.

Fig. 256. — Graine de Nielle (A) et grain de Blé (B).

Les feuilles sont opposées et la tige est renflée aux nœuds, c'est-à-dire dans la région où s'insèrent les feuilles. Il y a un calice à cinq sépales, une corolle à cinq pétales libres entre eux, dix étamines et un ovaire surmonté de cinq styles distincts jusqu'à leur base. Si on coupe l'ovaire en travers (fig. 255), on voit que les ovules sont tous attachés au centre de l'ovaire et que les cloisons qui devraient diviser l'ovaire en plusieurs loges sont incomplètes.

La plante verte peut être mangée par les bestiaux, mais les graines sont vénéneuses et très dangereuses pour les animaux, surtout pour les veaux et les oiseaux de basse-cour. Bien que les graines de Nielle et les grains de Blé aient des formes très différentes (fig. 256), il est assez difficile de les séparer. Dans certains cas on a constaté les propriétés malfaisantes du pain fabriqué avec du blé contenant trop de graines de Nielle.

La distribution de la Nielle dans les champs est très variable; c'est de là qu'a pris naissance, en Écosse, l'ancienne croyance populaire à un mauvais génie qui pendant la nuit vient semer la Nielle dans les champs de Blé.

2° Berbéridées

119. Épine-Vinette; BERBERIS VULGAIRE *(Berberis vulgaris)*. L'Épine-Vinette est un arbrisseau épineux dont les petites fleurs jaunes, disposées en grappes, sont remarquables par leurs étamines qui s'ouvrent par de petits clapets (fig. 257). A ces fleurs succèdent de petits fruits rouges qui peuvent servir à préparer des confitures et que l'on conserve aussi dans du vinaigre, comme des Câpres.

Cet arbrisseau est très dangereux pour l'agriculture,

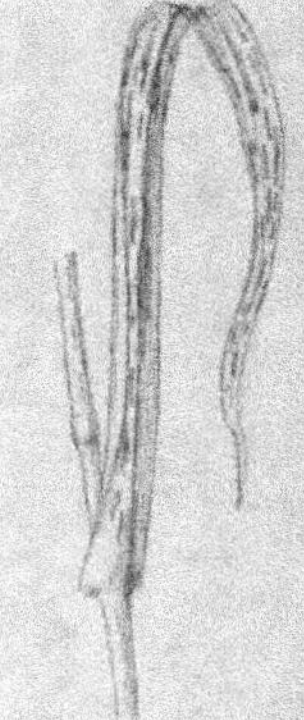

FIG. 257. — Étamine de l'Épine-Vinette.   FIG. 258. — Feuille d'Épine-Vinette attaquée par l'Écidie.   FIG. 259. — Feuille de Blé attaquée par la rouille.

non par lui-même, mais par un Champignon qui l'attaque et dont les spores vont ensuite germer sur le Blé et produisent la rouille du Blé.

On voit souvent à la face inférieure des feuilles d'Épine-Vinette de petites taches d'un jaune orangé. C'est un Champignon qui s'est développé à l'intérieur de la feuille et qui vient fructifier à sa surface (fig. 258). Les spores de ce Champignon, appelé *Æcidie de l'Épine-Vinette*, ne peuvent germer que sur le Blé ; si elles sont entraînées par le vent sur un champ de Blé, elles germent sur les feuilles du Blé et y produisent une autre forme du même Champignon, appelée ordinairement *rouille du Blé* (fig. 259). La rouille devient noire quand le Blé mûrit et produit de nouvelles spores qui passent l'hiver sur le sol, germent au printemps et donnent naissance, plus ou moins directement, à l'Æcidie qui ne peut vivre que sur l'Épine-Vinette et forme sur les feuilles ces petites taches jaunes que nous avons observées tout d'abord.

L'Æcidie de l'Épine-Vinette et la rouille du Blé ne sont donc qu'un même Champignon sous deux formes différentes. La rouille du Blé ne peut se propager qu'en passant sur l'Épine-Vinette ; si l'on veut faire disparaître cette maladie du Blé, on n'a donc qu'à détruire l'Épine-Vinette ; mais il faut une destruction totale.

La Compagnie du chemin de fer du Nord avait eu l'idée malheureuse de faire beaucoup de haies d'Épine-Vinette. On ne tarda pas à voir la rouille du Blé se répandre dans les champs voisins du chemin de fer ; d'où procès fait à la Compagnie qui perdit, paya des indemnités et fut obligée de détruire les haies. Une loi récente prescrit la destruction de l'Épine-Vinette et interdit sa culture dans les jardins.

L'Épine-Vinette est le seul représentant en France de la petite famille des *Berbéridées*.

3° Cuscutacées

120. Cuscute; Cuscute à petites fleurs (*Cuscuta minor*), vulg. : *Rache, Teignasse, Barbe de moine*. La Cuscute est une singulière plante parasite, c'est-à-dire se nourrissant aux dépens de végétaux vivants. Les feuilles et les racines ne sont pas développées ; la plante se compose presque uniquement de tiges allongées comme de fines ficelles et s'enroulant autour des autres plantes comme les tiges de Liseron ou de Houblon. Les fleurs groupées en petits bouquets serrés ont à peu près la même organisation que les fleurs de Solanées.

La Cuscute s'attache aux autres plantes par des suçoirs (fig. 260), sortes de prolongements analogues aux crampons du Lierre, mais qui pénètrent dans la plante attaquée et se mettent en communication avec tous les tissus. C'est ainsi que la Cuscute puise une nourriture toute préparée dans la plante sur laquelle elle se développe; aussi les racines et les feuilles, qui lui seraient inutiles, sont elles peu développées.

Fig. 260. — Suçoir de la Cuscute implanté dans une tige.

La Cuscute est très nuisible à beaucoup de plantes cultivées, notamment à la Luzerne, au Trèfle et au Lin qu'elle fait périr rapidement. On doit chercher à la détruire avant que les graines soient mûres. On peut aussi trier les graines au moyen de cribles spéciaux, de façon à ne pas semer la Cuscute en même temps que le Trèfle ou la Luzerne. Les Cuscutes constituent la petite famille des *Cuscutacées*.

4ᵉ Loranthacées

121. Gui; Gui blanc (*Viscum album*). Le Gui est encore une plante parasite, mais les tiges portent des feuilles vertes et nombreuses. Les racines ne sont pas développées. Le Gui s'implante dans la tige de certains arbres par des

Fig. 261. — Suçoir du Gui implanté dans une tige.

Fig. 262. — Fleur à étamines.

Fig. 263. — Fleur à pistil.

suçoirs (fig. 261), produits par la base de la tige principale et qui vont se ramifier dans les tissus vivants de l'arbre attaqué. Cette plante est bien moins nuisible que la Cuscute, car les tiges et les feuilles du Gui étant vertes assimilent par elles-mêmes et puisent directement une partie de leur nourriture dans l'air.

On trouve sur le Gui deux sortes de fleurs ; les unes à étamines (fig. 262), les autres à pistil (fig. 263). Les premières sont remarquables par leurs quatre sépales qui portent directement les anthères sur leur face interne. Les secondes ont un calice et une corolle avec un ovaire infère. A ces fleurs succède un petit fruit blanc et charnu qui renferme une seule graine; c'est avec ces fruits qu'on fabrique la glu.

Le Gui peut se trouver sur presque tous les arbres; il est rare sur le Chêne. C'est seulement le Gui du Chêne que les Druides considéraient comme sacré et qui jouait un rôle dans les cérémonies religieuses des Gaulois.

5° Scrofularinées

122. Mélampyre; MÉLAMPYRE DES CHAMPS (*Melampyrum arcense*), vulg. *Queue de Renard*. Cette curieuse plante à bractées rouges, qu'on voit souvent parmi les Blés, ne semble pas être une plante parasite. On lui trouve des feuilles vertes et des racines; mais si on examine avec soin ces racines (fig. 264),

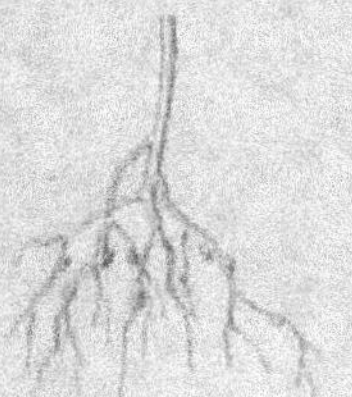

Fig. 264. — Racine du Mélampyre avec ses suçoirs.

Fig. 265. — Fleur du Mélampyre avec la bractée.

on y observe de petits suçoirs qui s'implantent dans les racines du Blé et y puisent une partie de la nourriture du Mélampyre. C'est donc une plante nuisible.

De plus, les graines mêlées aux grains de Blé donnent au pain une couleur rougeâtre assez désagréable à voir, bien que ce pain ne soit pas dangereux à manger.

Les Mélampyres appartiennent à la famille des *Scrofularinées*. On les reconnaît à leur corolle à deux lèvres (fig. 265), dont la supérieure est en forme de casque et dont l'inférieure porte deux petites bosses à droite et à gauche.

123. Orobanche; OROBANCHE DU SERPOLET *(Orobanche epithymum)*. Voici une plante dont les fleurs ressemblent beaucoup à celles du Mélampyre ;

Fig. 266. — Suçoir de l'Orobanche   Fig. 267. — Fleur de l'Orobanche
du Serpolet.   du Serpolet.

mais on reconnaît tout d'abord que l'Orobanche est une plante tout à fait parasite. Il n'y a pas la moindre trace de matière verte, les feuilles sont réduites à des écailles brunâtres et, au lieu de racines, on ne voit en déterrant l'Orobanche qu'un gros suçoir (fig. 266) situé à la base de la tige et implanté sur la racine de quelque plante.

Les Orobanches empruntent à la plante sur laquelle elles sont fixées toute la nourriture qui leur est nécessaire. Ce sont donc des plantes absolument parasites et qu'il y a intérêt à détruire.

Dans l'Orobanche du Serpolet, qui se fixe souvent sur les racines du Serpolet, nous pouvons examiner la fleur (fig. 267) qui a tous les caractères de la fleur des Scrofularinées. A côté du style portant un stigmate pourpre, nous trouvons quatre étamines dont deux plus petites; la corolle est gamopétale et formée de deux lèvres.

6° Graminées

124. Chiendent; CHIENDENT PIED-DE-POULE *(Cynodon Dactylon)*. Le Chiendent est une Graminée vivace dont les tiges souterraines allongées et rameuses (fig. 268) se développent rapidement et envahissent les cultures. C'est donc une plante des plus nuisibles et dont il est difficile de se débarrasser. On reconnaît le Chiendent à ses épis disposés en éventail, comme les doigts d'un pied de poule. Le Chiendent est surtout répandu dans le Midi de la France.

Une autre Graminée très commune aussi et non moins nuisible porte encore le nom de Chiendent, c'est l'*Agropyre rampant* (fig. 269) qu'on reconnaît à ses épillets isolés placés de distance en distance sur la tige ; chaque épillet porte deux glumes à sa base et renferme de cinq à dix fleurs.

Les tiges souterraines de ces deux sortes de Chiendents sont employées pour faire des infusions.

Fig. 268. — Tige souterraine du Chiendent.

Fig. 269. — Inflorescence d'Agropyre rampant.

7° Cypéracées

Fig. 270. — Tige de Carex coupée en travers.

125. Carex ; Carex glauque (*Carex glauca*). Les Carex appartiennent à l'importante famille des *Cypéracées*, que l'on peut confondre au premier abord avec les Graminées. On distingue ordinairement les Cypéracées à leur tige qui est souvent à trois angles (fig. 270), à leurs feuilles dont la gaine n'est pas fendue, à leurs étamines dont les loges sont contiguës et non écartées en forme d'X allongé, comme chez les Graminées.

Le Carex glauque est une Cypéracée qui porte deux sortes de fleurs : les épis supérieurs se composent de fleurs à étamines ; les épis inférieurs ne contiennent que des fleurs à pistil. Les Carex envahissent souvent les prairies humides en se substituant aux bonnes herbes, et ne donnent qu'un foin grossier et peu nourrissant. Ce sont des plantes à détruire.

C'est par centaines que l'on compte les espèces de Carex, souvent difficiles à distinguer les unes des autres. Une espèce, le *Carex des sables*, dont les tiges souterraines sont longues et rameuses, peut servir à fixer le sol mouvant des dunes.

8° Équisétacées

126. Prêle ; PRÊLE DES MARAIS (*Equisetum palustre*), vulg. : *Queue de cheval*. Les Prêles sont de curieuses plantes sans fleurs, qui se reproduisent à peu près de la même façon que les Fougères. A l'extrémité de certaines tiges se trouve une petite masse ovale composée d'écailles en forme d'écussons (fig. 271), qui portent en dessous de petits sacs (sporanges) renfermant les spores. Ces spores germent comme celles des Fougères, donnent une petite lame verte appelée prothalle (fig. 272), sur laquelle se développent de nouvelles tiges de Prêle.

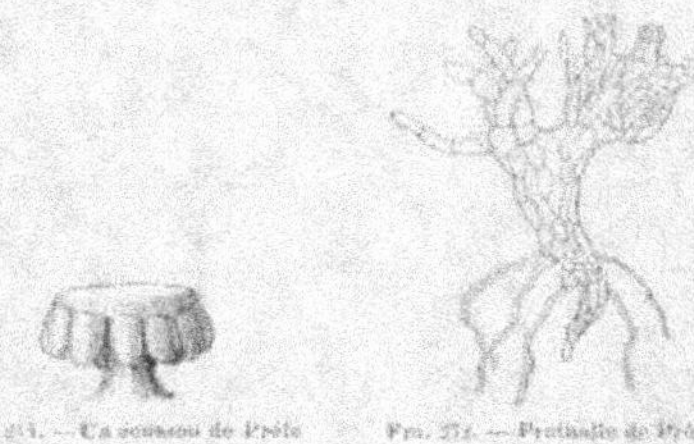

Fig. 271. — Un coussou de Prêle portant des sporanges.

Fig. 272. — Prothalle de Prêle très grossi.

On reconnaît les Prêles à leurs tiges vertes, cannelées et rugueuses, à leurs rameaux verticillés, à leurs feuilles très réduites, qui forment autour de la tige de petites collerettes d'écailles. Les Prêles qui constituent la petite famille des *Équisétacées* sont des plantes sans fleurs, mais ayant feuilles, tiges et racines ; ce sont, comme les Fougères, des Cryptogames vasculaires.

Les Prêles envahissent les champs humides, et sont difficiles à détruire, à cause de leurs tiges souterraines profondément enfoncées dans le sol.

La tige des Prêles contient de la silice ; aussi s'en sert-on quelquefois pour polir les bois ou les métaux, pour nettoyer la vaisselle.

PLANTES ORNEMENTALES

1ᵃ Renonculacées

127. Ancolie ; Ancolie vulgaire *(Aquilegia vulgaris)*. L'Ancolie est une des plus belles fleurs que l'on puisse rencontrer au printemps dans les bois. Aussi l'a-t-on cultivée depuis longtemps comme plante ornementale. Les fleurs de la plante sauvage sont bleues, grandes et très remarquables par leurs cinq pétales terminés chacun par un cornet recourbé sous la fleur en forme d'éperon (fig. 273). La tige peut atteindre un mètre de hauteur ; les feuilles, très grandes, sont découpées en nombreuses folioles.

L'Ancolie ne semble pas, au premier abord, appartenir à la famille des Renonculacées ; toutefois, il nous suffit d'ouvrir la fleur pour y trouver

Fig. 273. — Fleur de l'Ancolie, montrant les cinq éperons.

un grand nombre d'étamines libres à anthères tournées en dehors, caractère qui nous permet de déterminer la famille.

On a réussi à obtenir, par la culture, des Ancolies de diverses couleurs et aussi des Ancolies à fleurs doubles dont les pétales en cornet s'emboîtent les uns dans les autres, mais la fleur perd alors toute son élégance naturelle.

128. Nigelle ; Nigelle de Damas *(Nigella damascena)*, vulg. : *Cheveux de Vénus* ou *Pattes d'araignée*. Cette plante, qui croît naturellement dans le Midi de la France, est très souvent cultivée dans les jardins.

Les fleurs de Nigelle sont assez singulières : à l'extérieur, on voit des bractées très divisées à segments étroits et raides. Les cinq sépales d'un bleu clair pourraient au premier abord être pris pour des pétales. Ces parties colorées constituent cependant bien le calice de la fleur, car on trouve à l'intérieur de curieux petits pétales (fig. 274) rangés tout autour des étamines ; celles-ci sont nombreuses et à anthères tournées en dehors, comme chez les autres Renonculacées.

Fig. 274. — Pétale de Nigelle.

Fig. 275. — Fruit de la Nigelle, entouré par l'involucre.

Au milieu de la fleur, on voit un pistil d'une autre forme que chez les Renonculacées étudiées précédemment ; les carpelles sont soudés entre eux presque complètement, laissant les styles libres au sommet. A cette fleur succède un fruit arrondi que les bractées de l'involucre entourent complètement jusqu'à la maturité (fig. 275).

En Orient, on se sert des graines de la Nigelle de Damas pour parfumer et assaisonner différents mets.

On cultive aussi, dans les jardins, la *Nigelle d'Espagne* comme plante ornementale et la *Nigelle cultivée* dont les graines servent de condiment.

2° Caryophyllées

129. Œillet; ŒILLET GIROFLÉE (*Dianthus Caryophyllus*), vulg. : *Œillet des fleuristes*. L'Œillet appartient à la famille des Caryophyllées, que nous avons déjà étudiée avec la Nielle des Blés ; mais tandis que la Nielle des Blés a cinq styles, l'Œillet n'en a que deux ; de plus, nous voyons à la base du calice de l'Œillet, dont les sépales sont longuement soudés en tube, plusieurs écailles qui forment comme un petit involucre entourant la base de la fleur. Enfin, chaque pétale présente en dedans de petites languettes plus ou moins découpées, qui viennent fermer la gorge de la corolle ; grâce à ces caractères, on pourra facilement distinguer les Œillets de toutes les autres Caryophyllées.

L'Œillet des fleuristes, le plus répandu de tous, a des tiges coudées, des feuilles allongées, des fleurs pourpres, blanches, rosées ou diversement panachées. Il croît naturellement dans l'Ouest de la France sur les vieux murs et dans les endroits rocailleux; mais c'est surtout comme plante cultivée que l'Œillet des fleuristes est connu. Dans les jardins, la fleur est très souvent double, le nombre des pétales augmentant considérablement.

Dans les champs, on trouve très souvent à l'état sauvage l'*Œillet des Chartreux*, aux fleurs d'un rouge très vif, l'*Œillet barbu* et l'*Œillet de Montpellier*, aux pétales très divisés.

Beaucoup d'autres espèces d'Œillets ont de jolies fleurs odorantes, et plusieurs d'entre elles sont aussi cultivées comme plantes d'ornement.

3ᵉ Violariées

130. Pensée; Violette tricolore (*Viola tricolor*). Qui croirait que la Pensée des jardins (fig. 276), aux grandes fleurs veloutées, panachées de vives couleurs, appartient à la même espèce que la petite Pensée des champs (fig. 277)? La chose est pourtant facile à démontrer. Il suffit de laisser sans culture et sans soins la Pensée des jardins, pour voir l'année suivante un grand nombre de pieds, provenant des graines de l'année précé-

Fig. 276. — Pensée des jardins.   Fig. 277. — Pensée sauvage.

dente, revenir à l'état sauvage; les pétales deviennent plus petits et perdent leurs brillantes couleurs.

Les Pensées appartiennent au même genre que les Violettes, dont elles diffèrent par la disposition de leurs pétales; quatre pétales sur cinq sont tournés vers le haut de la fleur dans la Pensée (fig. 277) et deux seulement dans la Violette proprement dite.

On trouve dans les bois, dans les prés, sur les montagnes, un très grand nombre d'espèces de Violettes, qui sont souvent très difficiles à distinguer les unes des autres; on peut citer la *Violette des bois*, la *Violette des champs*, la *Violette des marais*, etc.

Pensées et Violettes appartiennent à la petite famille des *Violariées*, qu'on peut caractériser par des fleurs irrégulières, cinq sépales, cinq pétales dont l'inférieur se termine par un cornet, et cinq étamines dont les anthères entourent étroitement le pistil.

4° Rosacées

131. Rosier; Rosier de France (*Rosa gallica*), vulg. : *Rose de Provins*. La Rose cultivée (fig. 279) provient aussi de la transformation d'une fleur sauvage,

Fig. 278. — Fleur de l'Eglantier.

Fig. 279. — Fleur de Rose double.

Fig. 280. — Réceptacle de la fleur du Rosier, coupé en long pour montrer les carpelles.

Fig. 281. — Réceptacle de la fleur du Rosier.

l'Eglantine de nos bois. L'*Eglantier* ou Rosier sauvage (fig. 278) est une *Rosacée*: ce que nous reconnaissons facilement aux nombreuses étamines insérées sur les sépales. Ce sont ces étamines qu'on est parvenu à remplacer par des pétales dans la Rose cultivée des jardins; les pétales, qui étaient seulement au nombre

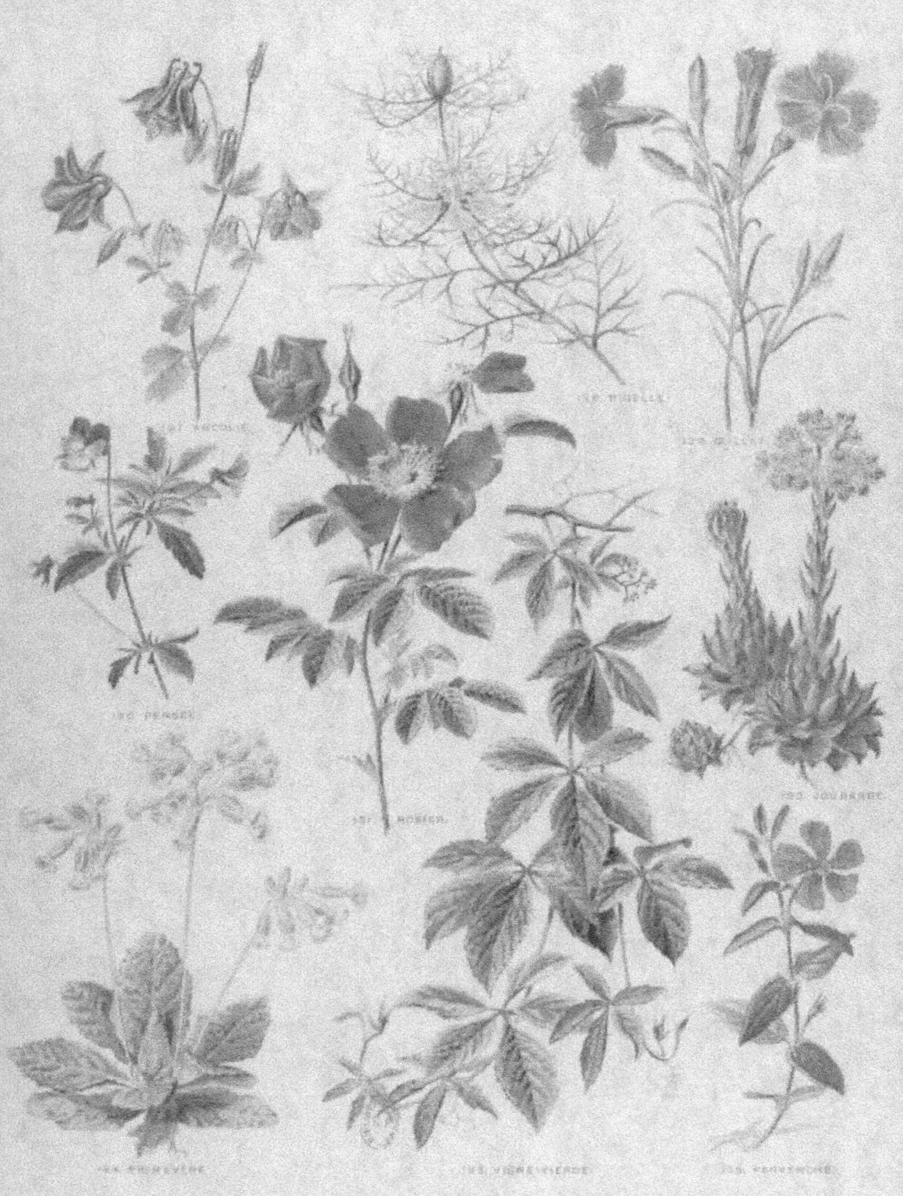

NOS FLEURS par M. LEGRAND DE SAINT-AUBIN. PL. VI.
ARMAND COLIN & Cie Éditeurs.

de cinq dans l'Églantine, peuvent ainsi devenir très nombreux dans la Rose cultivée (fig. 279) ; on les emploie pour fabriquer l'essence de Rose.

Les Rosiers sont des arbustes remarquables par leurs aiguillons droits ou crochus, par leurs feuilles ordinairement à cinq folioles dentées et à stipules soudées au pétiole. On les multiplie facilement par bouture et on greffe souvent les Rosiers cultivés sur les Rosiers sauvages.

Le genre Rosier se distingue des autres Rosacées par la disposition des carpelles placés dans une sorte de réceptacle creux qu'on peut voir à la base de la fleur (fig. 280). A la maturité, ce réceptacle devient charnu et forme ces petites boules rouges (fig. 281) qui égayent encore les haies et les buissons au commencement de l'hiver.

Les espèces et les variétés de Roses qu'on cultive sont innombrables et présentent des nuances infinies. Parmi les curiosités horticoles, il faut citer la *Rose verte*, variété dont les étamines et les pétales sont transformés en feuilles vertes ordinaires.

5° Crassulacées

132. Joubarbe; JOUBARBE DES TOITS (*Sempervivum tectorum*). C'est sur le faîte des vieux murs, sur les toits de chaume ou sur les rochers que l'on voit fleurir en été cette jolie plante grasse de nos pays.

Les feuilles de la base sont disposées en rosettes qui ressemblent à de petits artichauts (fig. 282). Ces feuilles sont épaisses et charnues; elles renferment une grande provision d'eau et transpirent très peu. On s'explique ainsi comment pendant les fortes chaleurs de l'été, alors que toutes les plantes qui recouvrent le mur ou le toit sont desséchées, les Joubarbes seules restent fraîches et vivantes. C'est pour exprimer ce fait que le nom latin de la plante *Sempervivum* signifie « toujours vivant ».

La plante se multiplie par des rosettes de feuilles qui terminent des rameaux souterrains ; on peut planter ces rosettes de feuilles pour avoir de nouvelles Joubarbes.

Certaines tiges se dressent au milieu des feuilles grasses et produisent de nombreuses fleurs d'un rose foncé, remarquables par le grand nombre de leurs pétales (fig. 283). Il y a autant de sépales et autant de carpelles que de pétales; il y a deux fois plus d'étamines.

Les anciens plantaient la Joubarbe sur les toits, croyant que cette plante protégeait leur maison contre la foudre. On en trouve aujourd'hui très souvent sur les maisons des paysans, qui emploient le suc âcre des feuilles pour cicatriser les plaies. C'est une jolie plante d'ornement qu'on cultive souvent dans les rocailles.

Fig. 282. — Rosette de feuilles de la Joubarbe.   Fig. 283. — Fleur de la Joubarbe.

On trouve plusieurs espèces de Joubarbes sur les rochers des montagnes; l'une des plus curieuses est la *Joubarbe à toile d'araignée*. C'est une plante plus petite que la Joubarbe des toits; les feuilles forment une rosette et sont comme reliées les unes aux autres par de longs poils qui ressemblent à des fils d'araignée.

La Joubarbe appartient à la petite famille des *Crassulacées*, qui renferme la plupart des plantes grasses de notre climat. Les Sedums et entre autres l'Orpin qu'on trouve dans les bois sont des Crassulacées.

6° Ampélidées

133. Vigne-vierge; AMPELOPSIS VIGNE-VIERGE (*Ampelopsis hederacea*).

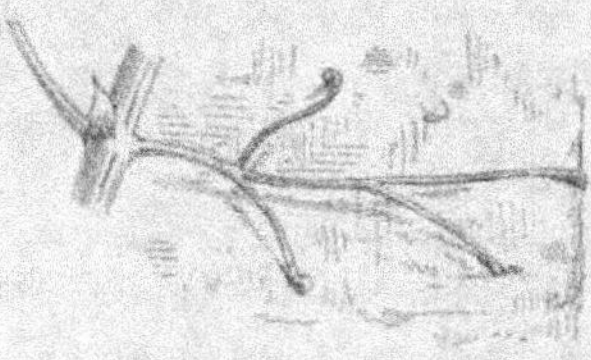

Fig. 284. — Vrille adhésive de la Vigne-vierge.

La Vigne-vierge est une plante grimpante qui garnit avec élégance les murs des maisons, les balcons ou les tonnelles; elle croît rapidement, développe au printemps des feuilles d'un vert gai qui prennent en automne des tons rouges tout à fait remarquables.

Comment grimpe la Vigne-vierge? Par des vrilles comme la Vigne, qui est aussi une *Ampelidée*; toutefois ces vrilles peuvent non seulement s'enrouler autour d'un support comme les vrilles de la Vigne, mais encore adhérer directement à une surface plate comme celle d'un mur (fig. 284). A cet effet, leur extrémité se renfle et forme de petites ventouses qui adhèrent fortement aux corps étrangers et peuvent soutenir un rameau de la plante.

Les fleurs ressemblent à celles de la Vigne ordinaire; les fruits sont petits et renferment un suc d'un rouge foncé; ils ne sont pas comestibles.

7° Primulacées

134. Primevère; Primevère officinale (*Primula officinalis*), vulg. : *Coucou*. La Primevère jaune, qui ouvre ses fleurs au premier printemps dans

Fig. 285. — Fleur de Primevère vue de face.

Fig. 286. — Fleur de Primevère coupée en long.

Fig. 287. — Fruit de Primevère s'ouvrant par ses dents.

les bois encore sans feuilles et dans les prés, est souvent cultivée dans les jardins, où l'on en trouve de très nombreuses variétés.

On peut considérer cette plante comme le type d'une famille importante que nous n'avons pas encore étudiée, la famille des *Primulacées*. Examinons une fleur de Primevère. A l'intérieur d'un calice à cinq sépales, nous voyons une corolle gamopétale en forme de tube; à l'intérieur de la corolle se trouvent cinq étamines situées chacune vis-à-vis d'un pétale (fig. 285). C'est là le principal caractère des Primulacées, car dans la plupart des plantes, les étamines correspondent à l'intervalle de deux pétales.

Si l'on coupe une fleur en long (fig. 286), on peut étudier la disposition de ces différentes parties de la fleur; on voit que les étamines portées par un filet très court sont insérées sur la corolle même. Le fruit (fig. 287) est une capsule qui s'ouvre à son sommet par plusieurs petites fentes.

Il y a beaucoup de jolies espèces de Primevères dans les montagnes et dans les plaines. Telle est la *Primevère visqueuse* dont les fleurs violettes apparaissent sur les rochers après la fonte des neiges. On cultive une autre espèce plus petite, la *Primevère farineuse*, ainsi nommée à cause de ses feuilles blanches en dessous et comme soupoudrées de farine; cette espèce croît naturellement dans les prairies humides et les tourbières des montagnes.

Ce n'est pas seulement pour l'ornementation que sont employées les Primevères; on fait avec leurs feuilles une infusion usitée contre la toux.

8° Apocynées

135. Pervenche; GRANDE PERVENCHE *(Vinca major)*. La Pervenche qui pousse à l'état sauvage dans les bois montre, dès le premier printemps, ses corolles d'un bleu clair et pur. On la cultive dans les bosquets où elle se multiplie facilement par ses tiges rampantes.

Regardons l'une des fleurs; la corolle est régulière et cependant elle n'est pas symétrique par rapport à son axe, car les pétales sont un peu contournés et tous dans le même sens (fig. 288). Coupons une fleur en long (fig. 289), nous y trouvons deux étamines appliquées contre les stigmates. Au bout de la corolle il y a toujours quelques gouttelettes de nectar que les abeilles viennent chercher pour fabriquer leur miel. Les Pervenches appartiennent à la famille des *Apocynées*.

Fig. 288. — Fleur de Pervenche vue de face.

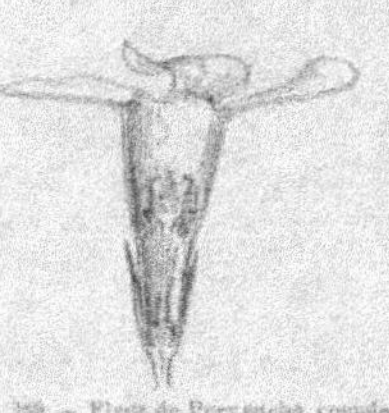

Fig. 289. — Fleur de Pervenche coupée en long.

9ᵉ Scrofularinées

136. Muflier; MUFLIER A GRANDES FLEURS *(Antirrhinum majus)*, vulg. : *Gueule de Loup, Mufle de Veau, Tête de Mort*. Les noms vulgaires de cette plante indiquent assez la bizarrerie de forme que l'on observe dans la fleur ou dans le fruit. La corolle est divisée en deux lèvres renflées en avant, appliquées l'une contre l'autre et cachant les étamines et le pistil. C'est cette corolle qui a valu à la plante les noms vulgaires de *Gueule de Loup* ou de *Mufle de Veau*.

Parfois les abeilles et les bourdons écartent les deux lèvres de la corolle pour aller chercher le nectar qui se trouve au fond de la fleur, et alors, en frottant avec leur tête le stigmate ou les étamines, ces insectes peuvent faciliter le

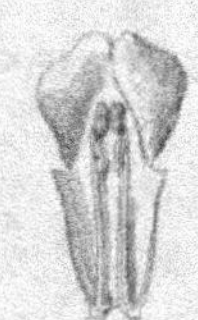

FIG. 290. — Bourdon perçant une fleur de Muflier.   FIG. 291. — Fruit de Muflier.   FIG. 292. — Partie supérieure de la corolle du Muflier montrant les 4 étamines.

transport du pollen sur le stigmate. Mais le plus souvent, les bourdons viennent prendre le nectar sans rendre service à la fleur ; ils percent la corolle à sa base et introduisent leur trompe dans le petit renflement qui renferme le nectar (fig. 290) ; ils aspirent ainsi le liquide sans toucher ni aux étamines ni au stigmate. Les abeilles, qui n'ont pas de mandibules assez fortes pour percer ainsi la corolle, profitent des trous percés par les bourdons et vont à leur tour chercher le nectar dans les fleurs du Muflier par ce chemin plus court et moins compliqué.

A la fleur succède un fruit qui s'ouvre par trois petits trous, situés de telle façon qu'en retournant le fruit, il a l'apparence d'un crâne de Singe (fig. 291), d'où le nom vulgaire de *Tête de Mort* donné à la plante.

A quelle famille appartient le Muflier? Nous y trouvons, comme dans la Digitale, une corolle irrégulière, quatre étamines, dont deux plus courtes (fig. 292), et un ovaire non divisé; ces caractères suffisent pour nous apprendre que le Muflier est une *Scrofularinée*.

On cultive les Mufliers dans les jardins d'où les graines s'échappent sur les vieux murs voisins, germent souvent et produisent d'autres Mufliers qui égayent par leurs fleurs aux couleurs brillantes les rues et les églises des villages.

137. Cymbalaire; LINAIRE CYMBALAIRE *(Linaria Cymbalaria)*. Voici une plante de la même famille, dont les jolies petites corolles violettes (fig. 293)

Fig. 293. — Fleur de Cymbalaire, *e* éperon.

ont à peu près la même forme que celles du Muflier. Elles en diffèrent par la lèvre antérieure qui, au lieu d'être simplement bossue à la base, est prolongée en un long éperon (*e*).

Les tiges retombantes, les feuilles arrondies un peu en forme de *cymbales*, les élégantes petites fleurs font de la Cymbalaire une plante d'agrément propre à garnir les suspensions, les murailles ou les balcons. Elle croît naturellement sur les rochers ou sur les murs; on la cultive surtout dans certaines parties de l'Ouest de la France, où elle ne croît pas à l'état sauvage.

10° Campanulacées

138. Campanule; CAMPANULE CARILLON *(Campanula Medium)*, vulg. *Clochette*. Ces mots *clochette, campanule, carillon* indiquent assez l'élégante forme de la fleur chez cette plante, dont la corolle ressemble à une petite cloche. Les fleurs de Campanule sont visitées par les abeilles et les bourdons qui viennent y chercher du pollen et du nectar; mais, grâce à leur forme et à leur position renversée, les corolles peuvent servir d'abri à ces insectes mellifères. Lorsqu'une averse a lieu brusquement, on voit bien souvent les abeilles surprises par la pluie demeurer blotties au fond des corolles violettes (fig. 294).

La Campanule Carillon est cultivée dans les jardins, à cause de ses grandes et nombreuses fleurs violettes ou blanches. Examinons une de ces fleurs ; nous y trouvons un calice à cinq sépales, une corolle gamopétale régulière, cinq étamines et un style à cinq stigmates. A cette fleur succède un fruit renfermant de nombreuses graines

Fig. 294. — Fleur de Campanule abritant une abeille.

qui sortent par de singuliers petits trous placés sur les côtés du fruit.

La Campanule fait partie de la famille des *Campanulacées* ; cette famille est surtout caractérisée par des fleurs gamopétales régulières et un ovaire infère.

11° Caprifoliacées

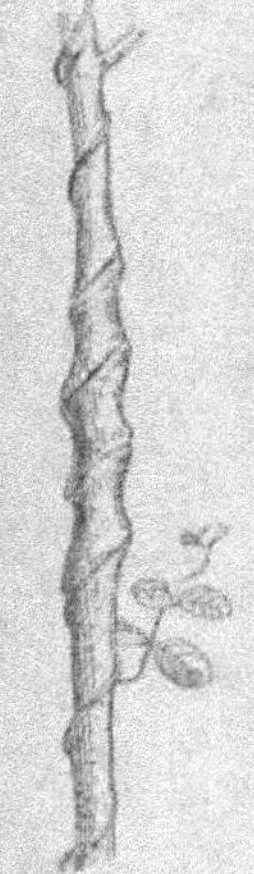
Fig. 295. — Tige de Chèvrefeuille enroulée autour d'une branche et s'y incrustant.

139. Chèvrefeuille ; LONICÈRE CHÈVREFEUILLE (*Lonicera Caprifolium*). Le Chèvrefeuille est un arbuste grimpant dont les fleurs odorantes s'épanouissent à la fin du printemps. On trouve aussi des Chèvrefeuilles à l'état sauvage dans les bois. On peut souvent remarquer le curieux enroulement de leurs tiges qui sont comme incrustées en spirale sur les branches des arbres (fig. 295). Cela tient à ce que la branche d'arbre, continuant à s'épaissir, ainsi que celle du Chèvrefeuille, les bois des deux plantes se serrent fortement l'un contre l'autre. Parfois même, la tige du Chèvrefeuille est complètement recouverte

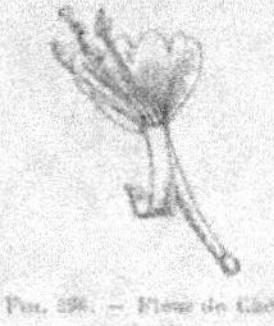
Fig. 296. — Fleur de Chèvrefeuille.

et étouffée par le tissu de la branche qui se débarrasse ainsi d'un hôte incommode.

Les fleurs du Chèvrefeuille ont une corolle irrégulière formée par cinq pétales soudés en tube, dont l'un se détache des autres pour former une sorte de lèvre (fig. 296); il y a cinq étamines et un ovaire situé au-dessous de la fleur; les feuilles sont entières et opposées.

On cultive aussi dans les parcs et les jardins d'autres espèces de Chèvrefeuilles dont les tiges ne grimpent pas, et qui forment de petits arbustes à fleurs étroitement groupées deux par deux.

Les Chèvrefeuilles font partie de la petite famille des *Caprifoliacées*, qui comprend aussi les Viornes et les Sureaux.

Parmi les Viornes cultivées dans les parcs ou les jardins, il faut citer une curieuse variété de *Viorne-Obier*, connue sous le nom de *Boule-de-Neige*. C'est un arbuste dont les fleurs, disposées en une sorte de corymbe arrondi, sont toutes stériles. La corolle s'est développée dans cette variété aux dépens des étamines et du pistil qui sont atrophiés.

12ᵉ Liliacées

140. Lis; LIS BLANC *(Lilium candidum)*. Cette plante, fréquemment cultivée dans les jardins pour ses belles et grandes fleurs blanches, est le type de la famille des Liliacées, l'une des plus régulières parmi les Monocotylédones. Nous avons déjà étudié les caractères des Liliacées avec l'Oignon.

La base de la plante est formée par un bulbe à grosses écailles (fig. 297), qui donne des bulbes secondaires pouvant servir non seulement à perpétuer la plante d'une année à l'autre, mais aussi à la multiplier.

Le genre Lis fournit un grand nombre d'espèces ornementales; tel est le *Lis Martagon* qu'on trouve dans les montagnes et qu'on cultive dans les jardins.

Fig. 297. — Bulbe écailleux du Lis.

Les Tulipes sont des plantes voisines du Lis et qui n'en diffèrent que par la forme de leur corolle qui est en cloche au lieu d'être en entonnoir. On trouve en France, surtout dans le Midi et en Savoie, plusieurs espèces de Tulipes sauvages.

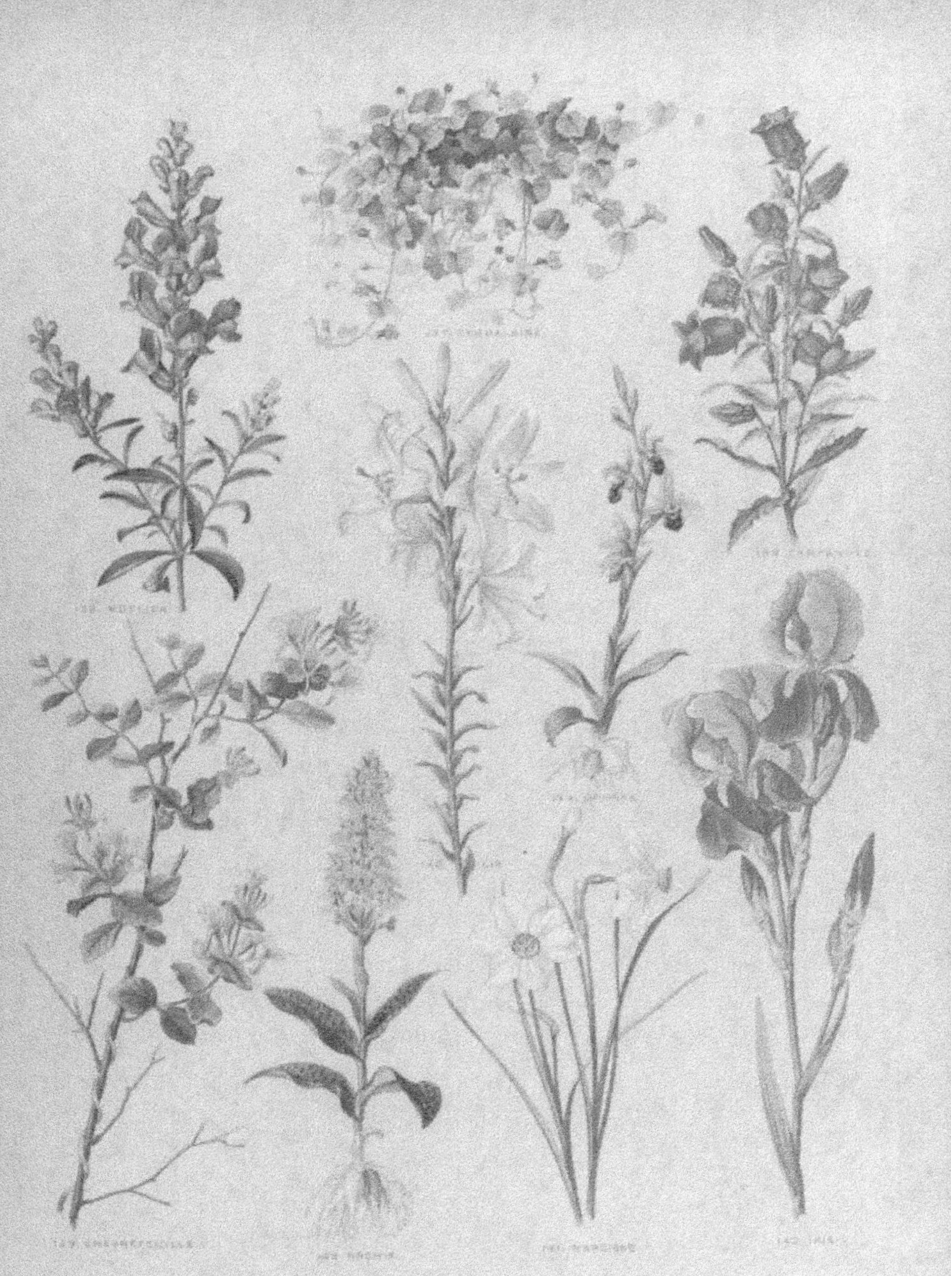

Beaucoup d'espèces sont cultivées à cause du brillant éclat de leurs fleurs aux couleurs variées. Quand une variété de Tulipe a été obtenue par graine, on la propage, semblable à elle-même, au moyen des tubercules qui peuvent se multiplier.

13° Amaryllidées

141. Narcisse ; NARCISSE DES POÈTES (*Narcissus poeticus*). Les Narcisses blancs, comme le Narcisse des poètes, sont des plantes de nos pays qu'on cultive dans les jardins pour leurs belles fleurs qui s'épanouissent à la fin de l'hiver ou au premier printemps.

Les Narcisses appartiennent à une famille de Monocotylédones que nous n'avons pas encore étudiée, la famille des *Amaryllidées*. On trouve dans la

Fig. 298. — Fleur de Narcisse coupée en long.   Fig. 299. — Fleur de Narcisse vue de face pour montrer la couronne.

fleur (fig. 298) trois sépales colorés, trois pétales, six étamines et un ovaire infère composé de trois carpelles soudés entre eux. Tels sont les caractères des Amaryllidées, qui ne diffèrent des Liliacées qu'en ce que l'ovaire est infère au lieu d'être supère.

Ce qui est spécial au genre Narcisse, c'est cette couronne qui double pour ainsi dire, vers l'intérieur, les sépales et les pétales (fig. 299). Dans le Narcisse des poètes, la couronne est assez étroite et élégamment bordée de rouge.

Les Narcisses sont des plantes bulbeuses faciles à cultiver et à multiplier dans les jardins.

Le *Perce-neige* qui fleurit pendant l'hiver, souvent même au milieu des neiges, comme son nom l'indique, est une plante de la même famille.

Les fleurs sont blanches, légèrement tachetées de vert. On cultive surtout le *Perce-neige* à cause de la précocité de ses fleurs.

14° Iridées

142. Iris; Iris d'Allemagne *(Iris germanica)*. On cultive beaucoup dans les jardins l'Iris d'Allemagne, dont les grandes fleurs violettes s'épanouissent au printemps. Prenons une de ces fleurs pour l'examiner attentivement ; il semble qu'on y trouve trois fois trois pétales. Les trois parties

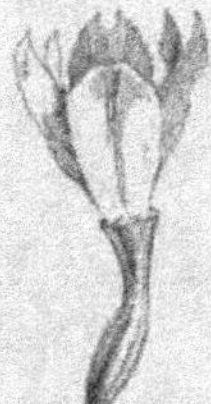

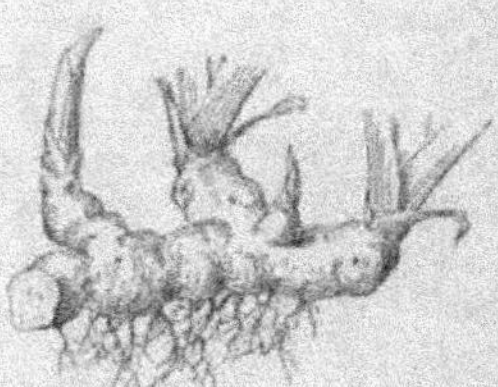

Fig. 300. — Stigmates en lames pétaloïdes de l'Iris.   Fig. 301. — Tige souterraine de l'Iris.

extérieures sont les sépales ; ils sont verdâtres à l'extérieur, barbus sur leur face interne et recourbés vers la base de la fleur ; en dedans des sépales et alternant avec eux sont les trois pétales ; à l'intérieur des pétales nous voyons les étamines au nombre de trois.

Mais alors, quelles sont ces trois grandes pièces semblables à des pétales et situées en dedans et en face des étamines (fig. 300) ? Ce sont les stigmates transformés en lames pétaloïdes. Au niveau des anthères, on voit sur les stigmates une petite fente transversale. C'est par cette sorte de poche que le pollen entre dans le stigmate.

L'Iris peut être considéré comme le type de la famille des *Iridées*, caracté-

risées par trois sépales colorés, trois pétales, trois étamines et un ovaire
infère, comme nous l'avons vu à propos du Safran.

La tige souterraine de l'Iris (fig. 301) renferme en abondance de la fécule
avec laquelle on fait la *poudre d'Iris* employée en parfumerie.

15° Orchidées

143. Orchis; ORCHIS TACHETÉ *(Orchis maculata)*. Voici une plante dont
les fleurs irrégulières ont une structure qui n'est pas facile à comprendre au
premier abord. A l'extérieur de la fleur, les trois sépales colorés se distinguent
aisément. En dedans viennent trois pétales très inégaux dont l'un, plus grand
que les autres et de forme différente, s'étend vers le bas comme un tablier

Fig. 301. — Fleur d'Orchis.   Fig. 302. — Masses polliniques de l'Orchis.   Fig. 303. — Racines tuberculeuses de l'Orchis.

blanc ponctué de rose, et se prolonge en un long éperon (fig. 302). Ce pétale
spécial est appelé *labelle*.

Mais à l'intérieur, où sont les étamines? où est le pistil? Du côté opposé
au labelle, nous voyons deux masses cireuses, faciles à détacher avec la
pointe d'une épingle et réunies par la base à un petit bourrelet visqueux. Ce
sont les *masses polliniques* (fig. 303) formées chacune par l'agglomération
des grains de pollen renfermés dans l'une des loges de l'étamine unique de
l'Orchis.

Ces masses polliniques peuvent se détacher naturellement et tomber dans
une sorte de cuvette enduite d'un liquide visqueux, qui se trouve placée au-
dessous. Cette cuvette correspond au stigmate qui se trouve ainsi soudé à
l'étamine. Mais alors, où est l'ovaire? Il est situé au-dessous de la fleur, mince,

allongé et tordu sur lui-même ; on le prendrait facilement, au premier abord, pour le pédoncule floral ; mais il suffit de couper en travers ce prétendu pédoncule pour y apercevoir un grand nombre de tout petits ovules blancs.

Les racines de l'Orchis sont aussi très curieuses (fig. 304) ; on voit à la base de la tige deux masses charnues divisées au sommet, l'une est grise et flétrie, l'autre blanche, charnue et comme gorgée de sucs. C'est ce qu'on appelle quelquefois la main du diable et la main de Dieu. Le tubercule flétri est formé par des racines renflées, dont le contenu a servi au premier développement de la plante de l'année ; dans l'autre tubercule, composé aussi de racines soudées entre elles, s'accumulent les provisions qui serviront au développement de la plante le printemps suivant.

En somme, les *Orchidées* sont caractérisées par leurs fleurs irrégulières, par leur étamine ordinairement unique et soudée au stigmate et par leur ovaire infère. La famille des *Orchidées* renferme un grand nombre de plantes de nos pays, à fleurs de formes curieuses et variées. Les Orchidées exotiques, très nombreuses et très belles, sont cultivées dans les serres.

144. Ophrys; OPHRYS ABEILLE (*Ophrys apifera*). C'est une Orchidée ; la fleur diffère de celle de l'Orchis par le labelle sans éperon ; vue de côté, cette fleur montre comme un petit oiseau qui sort de son nid (fig. 305). Les ailes sont

FIG. 305. — Fleur d'Ophrys vue de côté.   FIG. 306. — Fleur d'Ophrys vue de face.   FIG. 307. — Tubercules de l'Ophrys.

formées par les deux pétales supérieurs, et la tête par l'étamine soudée au stigmate qui se prolonge en forme de bec. Vue de face (fig. 306), la fleur ressemble à une abeille ou à un bourdon, grâce aux taches brunes veloutées qui sont sur le labelle. Les tubercules de l'Ophrys (fig. 307) sont formés par des racines complètement soudées entre elles et jouent le même rôle que ceux de l'Orchis. L'Ophrys fleurit au printemps sur les coteaux ou dans les prés.

INDEX ALPHABÉTIQUE

Ce prospectus contient une planche en couleur, Spécimen tiré sur papier mince.

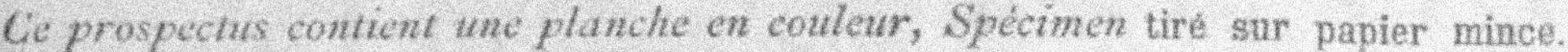

LECLERC DU SABLON

PROFESSEUR A LA FACULTÉ DES SCIENCES DE TOULOUSE

Nos Fleurs

plantes utiles et nuisibles

350 *figures en noir*

144 *figures en couleur*

DESSINÉES D'APRÈS NATURE PAR A. MILLOT.

Armand Colin & Cie, Éditeurs

PARIS

Voir, page 3, le Spécimen du texte.

Supplément à la **Revue scientifique** du 5 mars 1892

L'ouvrage comprendra 16 livraisons contenant chacune 8 pages de texte et 1 planche en couleur.

Chaque livraison : 75 Centimes

ARMAND COLIN & Cⁱᵉ, Éditeurs

21. Datura; DATURA STRAMOINE *(Datura Stramonium)*, vulgairement :
Pomme épineuse. — Le Datura est une plante annuelle, dont la hauteur
dépasse souvent un mètre. On le trouve fréquemment
dans le voisinage des habitations et particulièrement
au milieu des décombres. Le Datura, originaire de
l'Amérique du Nord, s'est rapidement répandu dans
toute l'Europe.

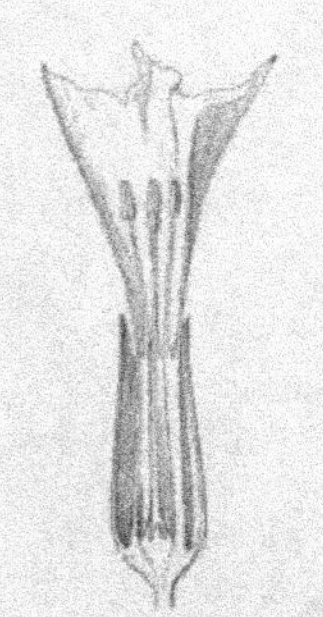

Fig. 44. — Fleur de Datura coupée en long.

On reconnaît facilement cette plante à ses grandes
feuilles d'un vert clair, et surtout à ses belles fleurs
blanches, en forme de long cornet plissé (fig. 44), qui
répandent une odeur agréable.

La fleur a la même structure que dans la Belladone, mais le fruit est très différent; il est coloré
en vert et porte sur ses parois un grand nombre
d'épines très pointues; de là le nom de *Pomme épineuse* donné au Datura.

Lorsque ce fruit est mûr, il se dessèche et s'ouvre par quatre fentes
(fig. 45) pour laisser sortir les graines. Le fruit du Datura est donc une
capsule et non une baie comme celui de la Belladone
et de la Douce-amère.

Le Datura était autrefois très employé par les
sorciers; c'est une plante dangereuse que l'on utilise
encore fréquemment; les feuilles, fumées comme du
tabac, sont recommandées aux asthmatiques.

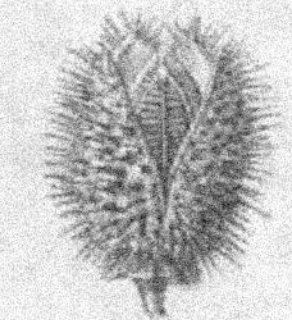

Fig. 45. — Fruit de Datura s'ouvrant par quatre fentes.

22. Jusquiame; JUSQUIAME NOIRE *(Hyoscyamus
niger)*. — La Jusquiame est une plante herbacée
qui, comme le Datura, semble se plaire particulièrement au milieu des
décombres.

L'aspect général de la Jusquiame a quelque chose de triste, ses
feuilles velues, d'un vert gris, exhalent une odeur désagréable; les fleurs

Fig. 46. — Fleur de Jusquiame.

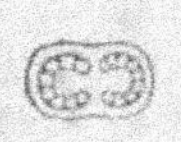

Fig. 47. — Fruit de Jusquiame coupé en travers.

Fig. 48. — Fruit de Jusquiame s'ouvrant par un couvercle.

(fig. 46) disposées en grappe serrée, ont une corolle jaunâtre, bizarrement rayée
de violet. Mais c'est dans le fruit que nous trouverons le meilleur caractère
distinctif de la Jusquiame.

*Pour paraître en livraisons au commencement
de l'année 1893*

Nos Bêtes

Animaux utiles et nuisibles

PAR

Le Dr H. BEAUREGARD

Assistant de la chaire d'Anatomie comparée au Muséum d'histoire naturelle de Paris.
Professeur agrégé à l'École supérieure de Pharmacie.

L'ouvrage que nous annonçons aujourd'hui formera une suite naturelle à la publication que nous venons de terminer, *Nos Fleurs*, si bien accueillie du public.

Les planches en couleur représenteront les principaux types des animaux de notre pays ; les figures dans le texte seront réservées aux détails de leur organisation anatomique.

L'auteur s'est proposé de vulgariser un certain nombre de connaissances précises sur les animaux qui nous entourent et dont les plus communs sont généralement fort mal connus. Pour arriver à ce résultat, il a pensé qu'il ne convenait pas de rééditer, pour la centième fois peut-être, des formules zoologiques qui ont, il est vrai, une certaine allure scientifique, mais qui sont, pour le public, le plus souvent, aussi obscures que sonores. Il s'est donc attaché à montrer, dans la mesure du possible, la raison des caractères qui distinguent les espèces, et à l'aide de cette méthode, il espère faire mieux apprécier la valeur de ces caractères et solliciter plus vivement l'attention du lecteur qui préférera toujours une explication à une sèche énumération.

C'est dire que, sans vouloir développer un système quelconque de philosophie, en vogue aujourd'hui et démodé demain, l'auteur s'appuiera sur des faits bien connus de sélection naturelle ou artificielle, d'éducation, etc., pour expliquer la différenciation d'un grand nombre de races et la fixation de certains caractères spécifiques.

Somme toute, chaque espèce sera l'objet d'une étude sérieuse, constituant une histoire succincte, mais raisonnée, et par suite attrayante des animaux de notre pays.

Ce livre, tout en ayant un caractère pittoresque, sera sérieusement fait et réunira tout ce qui concerne les applications utiles des animaux de notre pays à l'agriculture, à l'industrie, à l'économie domestique et à la médecine.

Toutes les figures seront dessinées d'après nature par A. MILLOT.

La publication de **Nos Bêtes** formera 2 volumes in-4° cavalier.

    I. **Animaux utiles** (17 planches en couleur et de nombreuses figures dans le texte).

    II. **Animaux nuisibles** (20 planches en couleur et de nombreuses figures dans le texte).

Il paraîtra une livraison tous les 15 jours.

Paris. — Imp. E. Capiomont et Cie, rue des Poitevins, 6.

ARMAND COLIN ET Cᴵᴱ, ÉDITEURS

5, rue de Mézières, à Paris.

Exposition Universelle de 1889. Hors concours

Membre du Jury international des récompenses.

Nouvelles Publications

JACQUES NAUROUZE. Les Bardoux-Carbansène. Histoire d'une famille pendant cent ans.

I. *La Mission de Philbert.* 1 volume grand in-8° de 400 pages, contenant plus de 100 gravures, broché .... 7 fr.

Relié toile, tranches dorées .... 10 fr.

[description illegible]

II. *Frères d'Armes.* 1 vol. grand in-8° de 400 pages, contenant plus de 100 gravures, broché .... 7 fr.

Relié toile, tranches dorées .... 10 fr.

[description illegible]

III. *A travers la Tourmente.* 1 vol. grand in-8° de 350 pages contenant plus de 100 gravures, broché .... 7 fr.

Relié toile, tranches dorées .... 10 fr.

[description illegible]

DAVID-SAUVAGEOT, lauréat de l'Institut. Ennemis d'enfance. 1 vol. in-8° de 325 pages, avec de nombreuses gravures, broché .... 7 fr.

Relié toile, tranches dorées .... 10 fr.

[description illegible]

DELORME (Marie). Contes du pays d'Armor. 1 vol. grand in-8° de 350 pages, avec de nombreuses gravures, broché .... 7 fr.

Relié toile, tranches dorées .... 10 fr.

[description illegible]

AUGUSTIN-THIERRY (Gilbert). Le capitaine Sans-Façon (1813). 1 vol. in-18 jésus, br. (Bibliothèque de romans historiques) .... 3 fr. 50

Exemplaires sur papier de Hollande .... 8 fr.

[description illegible]

— La Savelli, roman passionnel sous le second Empire. 1 vol. in-18 jésus, broché. (Bibliothèque de romans historiques) .... 3 fr. 50

Exemplaires sur papier de Hollande .... 8 fr.

[description illegible]

GAUTIER (Judith). La Conquête du Paradis. 1 volume in-18 jésus, broché (Bibliothèque de romans historiques) .... 3 fr. 50

Exemplaires sur papier de Hollande .... 8 fr.

[description illegible]

CAHUN (Léon). Hassan le Janissaire — 1515. 1 vol. in-18 jésus, broché (Bibliothèque de romans historiques) .... 3 fr. 50

Exemplaires sur papier de Hollande .... 8 fr.

[description illegible]

BERTHEROY (Jean). Cléopâtre. 1 vol. in-18 jésus, broché (Bibliothèque de romans historiques) .... 3 fr. 50

Exemplaires sur papier de Hollande .... 8 fr.

[description illegible]

AUVRAY (Richard). Les Gens d'Épinal (1423-1444). 1 vol. in-18 jésus, broché (Bibliothèque de romans historiques) .... 3 fr. 50

Exemplaires sur papier de Hollande .... 8 fr.

[description illegible]

FILON (Augustin). L'Élève de Garrick (1750). 1 vol. in-18 jésus, broché (Bibliothèque de romans historiques) .... 3 fr. 50

Exemplaires sur papier de Hollande .... 8 fr.

[description illegible]

FLAUBERT (Gustave). Salammbô. 1 vol. in-18 jésus, broché (Bibliothèque de romans historiques) .... 3 fr. 50

[description illegible]

GAUTIER (Judith). La Sœur du Soleil. 1 vol. in-18 jésus, broché (Bibliothèque de romans historiques) .... 3 fr. 50

Exemplaires sur papier de Hollande .... 8 fr.

Ouvrage couronné par l'Académie française.

MÉRIMÉE (Prosper). Chronique du Règne de Charles IX. 1 vol. in-18 jésus, broché (Bibliothèque de romans historiques) .... 3 fr. 50

MEUNIER (Mᵐᵉ Stanislas). Le Roman du mont Saint-Michel. 1 vol. in-18 jésus, broché (Bibliothèque de romans historiques) .... 3 fr. 50

Exemplaires sur papier de Hollande .... 8 fr.

VIGNY (Alfred de), de l'Académie française. Cinq-Mars. 1 vol. in-18 jésus, broché (Bibliothèque de romans historiques) .... 3 fr. 50

DARMESTETER (Mᵐᵉ Marie). Marguerites du temps passé. Nouvelles historiques. 1 vol. in-18 jésus, broché (Bibliothèque de romans historiques) .... 3 fr. 50

Exemplaires sur papier de Hollande .... 8 fr.

DIEHL (Ch.), ancien membre des écoles françaises de Rome et d'Athènes, docteur ès lettres, professeur à la Faculté des lettres de Nancy. **Excursions archéologiques en Grèce:** Mycènes, Délos, Athènes, Olympie, Éleusis, Épidaure, Dodone, Tirynthe, Tanagra. 1 vol. in-18 jésus avec 8 plans, broché.... 4 fr.

Exemplaires sur papier de Hollande.... 8 fr.

Ouvrage couronné par l'Académie française (Prix Montyon).

[description illegible]

CARTAULT (Alfred), professeur à la Faculté des lettres de Paris. **Terres cuites grecques,** photographiées d'après les originaux des collections privées de France et des musées d'Athènes. 20 planches tirées en phototypie, avec texte. 1 vol. in-4°.... 25 fr.

5 exempl. numér. sur papier du Japon. 80 fr.

[description illegible]

STAPFER (Paul), docteur ès lettres, doyen de la Faculté des lettres de Bordeaux. **Rabelais, sa personne, son génie, son œuvre.** 1 vol. in-18 jésus, broché.... 4 fr.

[description illegible]

PETIT DE JULLEVILLE, docteur ès lettres, professeur à la Faculté des lettres de Paris. **Le Théâtre en France,** histoire de la littérature dramatique. 1 vol. in-18 jésus, broché.... 3 fr. 50

Exemplaires sur papier de Hollande.... 8 fr.

[description illegible]

CLARETIE (Léo), docteur ès lettres. **Lesage romancier,** d'après de nouveaux documents. 1 vol. in-8°, broché.... 7 fr. 50

[description illegible]

FRARY (Raoul). **Essais de Critique.** 1 vol. in-18 jésus, broché.... 3 fr. 50

[description illegible]

SEIGNOBOS (Ch.), docteur ès lettres. **Scènes et Épisodes de l'Histoire nationale,** un magnifique volume in-4°, de grand luxe, imprimé sur papier du Marais et illustré de soixante grandes compositions inédites, tirées hors texte sur papier teinté.

l'exemplaire, broché.... 40 »

Richement cartonné.... 55 »

Il existe encore quelques exemplaires numérotés sur papier du Japon impérial.... 200 fr.

Sur papier de Hollande, grav. sur Japon. 100 fr.

[description illegible]

RAMBAUD (Alfred), docteur ès lettres, professeur à la Faculté des lettres de Paris. **Histoire de la Civilisation française** depuis les origines jusqu'à nos jours. 2 vol. in-18 jésus, brochés.... 8 fr.

[description illegible]

RAMBAUD (Alfred). **Histoire de la Civilisation contemporaine en France.** 1 vol. in-18 jésus, broché.... 5 fr.

[description illegible]

RAMBAUD (Alfred). **Petite Histoire de la Civilisation française.** 1 vol. in-18, orné de 420 gravures, cartonné.... 4 fr. 75

Relié toile, tranches dorées.... 5 fr. 50

[description illegible]

VIDAL DE LA BLACHE, maître de conférences à l'École normale supérieure. **Atlas historique et géographique** (cartographie française) contenant 147 cartes et 248 cartons en couleur. Lexique de 10 000 noms.... 40 fr.

L'ouvrage sera complet en 24 livraisons in-folio dont chacune contiendra de six à huit cartes accompagnées de cartons.

Il paraît une livraison par mois, depuis le 15 décembre 1890, au prix de.... 1 fr. 55

[description illegible]

KAULEK ET PLANTET. Autographes historiques (XVIIe et XVIIIe siècles), publiés d'après les originaux conservés principalement aux archives du Ministère des Affaires étrangères. 1 fascicule in-folio, cart.... 20 fr.

[description illegible]

BOURNON (Fernand), archiviste-paléographe, Paris : **Histoire, monuments, administration, environs.** 1 vol. in-8°, avec 11 plans, dont 3 hors texte et 151 grav., broché............ 7 fr.
Relié toile, tranches dorées,............ 10 fr.

EDWARD A. FREEMAN, membre honoraire du Collège de la Trinité, à Oxford. **Histoire générale de l'Europe par la Géographie politique,** traduite par M. G. Lefebvre, avec préface de M. E. Lavisse. 1 vol. in-8°, broché, de 700 pages; atlas in-4°, de 75 cartes en chromolithographie. 30 fr.

LAVISSE (Ernest), docteur ès lettres, professeur à la Faculté des lettres de Paris. **Vue générale de l'histoire politique de l'Europe.** 1 vol. in-18 jésus, broché. .... 3 fr. 50

BRYCE (James), professeur à l'Université d'Oxford. **Le Saint Empire romain germanique et l'Empire actuel d'Allemagne,** traduit par Émile Domergue, avec une préface de M. Ernest Lavisse. 1 vol. in-8°, broché.............. 8 fr.

DENIS (Ernest), ancien élève de l'École normale supérieure, docteur ès lettres, professeur à la Faculté des lettres de Bordeaux. **Fin de l'Indépendance Bohême.** Tome premier : Georges de Podiebrad; les Jagellons. Tome deuxième : Les premiers Habsbourgs; la Défenestration de Prague. 2 vol. grand in-8°, brochés.............. 15 fr.

LAVISSE (Ernest), docteur ès lettres, professeur à la Faculté des lettres de Paris. **Trois empereurs d'Allemagne.** Guillaume Iᵉʳ, Frédéric III, Guillaume II. 1 vol. in-18 jésus, broché...... 3 fr. 50

DE VOGÜÉ (Vᵗᵉ Melchior), de l'Académie française. **Spectacles contemporains.** 1 vol. in-18 jés., broché............ 3 fr. 50
Exemp. numér. sur papier de Hollande... 8 fr.

RAMBAUD (Alfred), docteur ès lettres, professeur à la Faculté des lettres de Paris. **La France coloniale.** Histoire, Géographie, Commerce, publiée avec la collaboration d'une société de géographes et de voyageurs. 1 vol. in-8° avec 12 cartes en couleur, broché............ 8 fr.

FONCIN (P.), inspecteur général de l'Université. **Géographie générale.** 1 vol. in-4° carré de 252 pages, avec 112 cartes ou cartons en couleur, placés en regard du texte, gravures et profils, relief du sol, hydrographie, voies de communication, industrie, commerce, statistique, *index alphabétique contenant 6500 noms géographiques,* relié toile.. 12 fr.

FONCIN (P.). **Géographie historique** (48 cartes en regard de 48 pages de texte). Antiquité, moyen âge, temps modernes, époque contemporaine. 1 vol. in-4° avec 50 gravures, cartonné............. 6 fr.

Relié toile............................... 7 50

Cet ouvrage est divisé en quatre parties : histoire ancienne, histoire du moyen âge, histoire moderne, histoire contemporaine. Dans chacune de ces grandes périodes, l'histoire a à examiner deux sortes d'événements : 1° L'établissement des nations et la fondation des États, c'est l'histoire de la *formation territoriale*, elle ne peut se faire qu'avec l'aide de la géographie. 2° Les transformations dans les usages, les mœurs, la religion, la science, l'organisation sociale et les institutions politiques des peuples ; c'est l'histoire de la *civilisation*. On trouvera ces deux études réunies dans cet atlas.

ESPINAS (A.), professeur à la Faculté des lettres de Bordeaux. **Histoire des Doctrines économiques.** 1 vol. in-18 jésus, broché.... 3 fr. 50

On trouvera dans ce livre un ensemble de notices sur les principales écoles, reliées entre elles par un exposé historique présentant la filiation des doctrines économiques depuis les origines jusqu'à nos jours.

FOVILLE (Alfred de), ancien président de la Société de Statistique, professeur au Conservatoire des Arts et Métiers, chef du bureau de Statistique du Ministère des finances. **La France économique,** année 1889, statistique raisonnée et comparative. 1 vol. in-18 jésus, avec cartes et diagrammes, cartonné à l'anglaise................... 6 fr.

M. de Foville a su, en quelques centaines de pages, analyser, coordonner, compléter, discuter et illustrer les innombrables documents que lui apportent ses fonctions et ses travaux.

Tout depuis longtemps familiers et. Tous ceux qui veulent voir clair dans l'organisme national, hommes d'État et hommes d'affaires, professeurs, journalistes, etc., ont fait de ce livre leur seul secours, et l'on peut dire que l'ouvrage est devenu classique dès sa première édition.

Atlas de statistique financière. Documents graphiques, publiés par le Ministère des Finances. 1 volume in-folio, cartonné, avec 36 cartes en couleur......................... 15 fr.

L'Atlas de 1889 présente les principaux éléments de la statistique financière de la France sous forme de cartes où des teintes conventionnelles convenablement graduées permettent de juger les faits économiques les plus importants et d'apprécier, d'un coup d'œil, la distribution de telle ou telle production imposable, de tels ou tels mouvements de valeurs ou d'espèces.

Professions et Métiers, guide pratique pour le choix d'une carrière, à l'usage des familles et de la jeunesse, publié sous la direction de M. Paul Jacquemart, inspecteur de l'Enseignement technique au Ministère du Commerce, de l'Industrie et des Colonies. Paraît (*depuis le 7 février* 1891) en livraisons hebdomadaires de 32 pages in-8°, à........................... 0 fr. 25

Tome Ier. *Professions libérales.* 1 vol. in-8°, broché....................... 10 fr.

Tome II. *Professions manuelles, industrielles et commerciales* (En cours de publication.)

La seconde partie de *Professions et Métiers*, qui embrassera les professions manuelles, industrielles et commerciales, commence avec la 33ᵉ *livraison* (12 septembre 1891).

Annales de Géographie, publiées sous la direction de MM. P. Vidal de la Blache, sous-directeur et maître de conférences à l'École normale supérieure, et Marcel Dubois, maître de conférences de géographie à la Faculté des lettres de Paris. Revue trimestrielle. Un an, d'octobre : France, colonies et étranger, 15 fr. Le numéro : 4 fr.

Revue internationale de l'Enseignement, publiée par la *Société de l'Enseignement supérieur* (12ᵉ année). Paraissant le 15 de chaque mois. Un an, de janvier : France, colonies et étranger, 24 fr.

Revue universitaire. Éducation. Enseignement. Hygiène. Administration. Sujets donnés dans les Examens et Concours, lettres et langues vivantes, Agrégation, Licence et Baccalauréat. Devoirs de classe. Bibliographie. *Paraissant le 15 de chaque mois (sauf en août et septembre).* Le numéro, 1 fr. 25. Abonnement annuel (du 15 janvier) : France, 10 fr. ; Colonies et Étranger, 12 fr.

Bulletin scientifique, rédigé par M. Ernest Lebon, agrégé de mathématiques (Ens. moderne), professeur au lycée Charlemagne, avec la collaboration d'une Société de Professeurs, paraissant le 20 de chaque mois. — Un an, d'octobre : France, 6 fr., colonies et étranger : 7 fr.

Le Volume, *journal in-12 des Instituteurs, des Institutrices et de leur Famille*, paraissant tous les samedis. Abonnements : un an, France, 6 fr., colonies et étranger, 7 fr.

Par sa disposition, Le Volume forme annuellement quatre volumes in-12, d'une valeur supérieure au prix de l'abonnement : I. Variétés et nouvelles ; — II. Administration et pédagogie ; — III. Travaux scolaires ; — IV. Œuvres littéraires.

Le Petit Français illustré, *journal des Écoliers et des Écolières*, paraissant tous les samedis. 10 cent. le n°. — Abonnements : un an, France, 6 fr., colonies et étranger, 7 fr.

Le plus intéressant et le mieux illustré de tous les journaux d'enfants, le *Petit Français* a, dès son apparition, obtenu un grand succès dans les familles et dans les écoles.

Les contes, les nouvelles, les récits qui alternent avec des articles de vulgarisation scientifique, les gravures soignées, les ingénieuses surprises des suppléments, tout de ce recueil le plus attrayante et le plus utile des récréations.

La Première année du *Petit Français illustré* (mars à décembre 1889), 1 vol. in-8° jésus, contenant plus de 400 gravures, broché, 5 fr. ; relié toile, tranches dorées, 7 fr. 50.

Les Deuxième et Troisième années du *Petit Français illustré* forment chacune 1 vol. in-8° jésus, contenant de nombreuses gravures, broché, 6 fr. ; relié toile, tranches dorées, 9 fr.

Nouvelles Publications

JACQUES NAUROUZE. Les Bardeur-Carbansane. Histoire d'une famille pendant cent ans.

Cette série de romans historiques à l'usage de la jeunesse fera connaître la vie et les mœurs de la société française pendant un siècle (1790-1890). La trame ingénieuse et dramatique du récit conduit le lecteur du nord et au midi de la France, lui fait franchir les frontières, le conduit même hors d'Europe, si bien que ces pages émouvantes retracent un tableau très complet et très vivant de l'existence des sentiments des générations qui nous ont précédés depuis cent ans.

Trois volumes ont déjà paru.

I. *La Mission de Philbert*. 1 volume grand in-8° de 400 pages, contenant 100 gravures, broché.................. 7 fr.
Relié toile, tranches dorées.............. 10 fr.

II. *Frères d'Armes*. 1 vol. grand in-8° de 300 pages, contenant 115 gravures, broché 7 fr.
Relié toile, tranches dorées.............. 10 fr.

III. *A travers la Tourmente*. 1 vol. grand in-8° de 350 pages, contenant 100 gravures, broché.................. 7 fr.
Relié toile, tranches dorées.............. 10 fr.

DAVID-SAUVAGEOT. lauréat de l'Institut. Ennemis d'enfance. 1 vol. in-8° de 325 pages, avec de nombreuses gravures, broché.......... 7 fr.
Relié toile, tranches dorées.............. 10 fr.

Sous ce titre l'auteur nous raconte l'histoire de deux jeunes gens que tout oppose, leur situation, leurs goûts, les tendances de leur esprit. Mais la vie qui façonne les âmes, finit par faire des amis de ces ennemis d'enfance.

DELORME (Marie). Contes du pays d'Armor. 1 vol. grand in-8° de 350 pages, avec de nombreuses gravures, broché.............. 7 fr.
Relié toile, tranches dorées.............. 10 fr.

Afin de donner une idée exacte de la merveilleuse richesse d'imagination qui caractérise les contes bretons, Madame Delorme en a choisi un certain nombre dans des genres variés; elle a scrupuleusement conservé le fond même du conte, mais elle a fait disparaître tout ce qui aurait écarté le livre de la bibliothèque de famille.

AUGUSTIN-THIERRY (Gilbert). Le Capitaine Sans-Façon 1813. 1 vol. in-18 jésus, br. (Bibliothèque de romans historiques).......... 3 fr. 50
Exemplaires sur papier de Hollande.... 8 fr.

— La Savelli, roman passionnel sous le second Empire. 1 vol. in-18 jésus, broché. (Bibliothèque de romans historiques) .... 3 fr. 50
Exemplaires sur papier de Hollande.... 8 fr.

GAUTIER (Judith). La Conquête du Paradis. 1 volume in-18 jésus, broché (Bibliothèque de romans historiques)................ 3 fr. 50
Exemplaires sur papier de Hollande.... 8 fr.

CAHUN (Léon). Hassan le Janissaire — 1516 — 1 vol. in-18 jésus, broché (Bibliothèque de romans historiques)................ 3 fr. 50
Exemplaires sur papier de Hollande.... 8 fr.

BERTHEROY (Jean). Cléopâtre. 1 vol. in-18 jésus, broché (Bibliothèque de romans historiques)................ 3 fr. 50
Exemplaires sur papier de Hollande.... 8 fr.

AUVRAY (Richard). Les Gens d'Épinal (1423-1444). 1 vol. in-18 jésus, broché (Bibliothèque de romans historiques).............. 3 fr. 50
Exemplaires sur papier de Hollande.... 8 fr.

FILON (Augustin). L'Élève de Garrick (1780). 1 vol. in-18 jésus, broché (Bibliothèque de romans historiques).............. 3 fr. 50
Exemplaires sur papier de Hollande.... 8 fr.

FLAUBERT (Gustave). Salammbô. 1 vol. in-18 jésus, broché (Bibliothèque de romans historiques).............. 3 fr. 50

GAUTIER (Judith). La Sœur du Soleil. 1 vol. in-18 jésus, broché (Bibliothèque de romans historiques).............. 3 fr. 50
Exemplaires sur papier de Hollande.... 8 fr.

Ouvrage couronné par l'Académie française.

MÉRIMÉE (Prosper). Chronique du règne de Charles IX. 1 vol. in-18 jésus, broché (Bibliothèque de romans historiques).............. 3 fr. 50

MEUNIER (Mme Stanislas). Le Roman du mont Saint-Michel (1365). 1 vol. in-18 jésus, broché (Bibliothèque de romans historiques).. 3 fr. 50
Exemplaires sur papier de Hollande... 8 fr.

VIGNY (Alfred de), de l'Académie française. Cinq-Mars. 1 vol. in-18 jésus, broché (Bibliothèque de romans historiques)............... 3 fr. 50

DARMESTETER (Mme James) née Mary Robinson. Marguerites du temps passé. 1 vol. in-18 jésus, broché (Bibliothèque de romans historiques).............. 3 fr. 50
Exemplaires sur papier de Hollande.... 8 fr.

Les *Marguerites* sont une collection de nouvelles du moyen âge et de la Renaissance, où le poète historien fait revivre à la fois les choses et les âmes du passé. C'est le début, dans notre littérature, d'un des premiers poètes de la nouvelle génération en Angleterre.

DIEULAFOY (Jane). « Volontaire » (1792-1793). 1 vol. in-18 jésus, broché (Bibliothèque de romans historiques)................ 3 fr. 50
Exemplaires sur papier de Hollande.... 8 fr.

Ce roman, qui évoque sous un voile discret une des figures les plus touchantes de l'épopée révolutionnaire, commence à l'heure terrible où la France, anxieuse, voit ses frontières menacées par la coalition allemande. Le drame s'achève devant le Comité de sécurité révolutionnaire de Valenciennes.

AUGUSTIN-THIERRY (Gilbert). La Bien-Aimée (récits de l'occulte). 1 v. in-18 jésus, br. 3 fr. 50
Exemplaires sur papier de Hollande.... 8 fr.

Les trois nouvelles qui composent ce volume présentent avec une intensité dramatique, un relief vraiment saisissant, trois cas, si l'on peut dire, des plus étranges et des plus mystérieux. En lisant ces pages d'une si rare saveur, on songe à ce « roman nouveau dans la littérature » dont parlait Victor Hugo à propos d'un poète célèbre.

DIEHL (Ch.), ancien membre des écoles françaises de Rome et d'Athènes, docteur ès lettres, professeur à la Faculté des lettres de Nancy. **Excursions archéologiques en Grèce.** Mycènes, Délos, Athènes, Olympie, Éleusis, Épidaure, Dodone, Tirynthe, Tanagra. 1 vol. in-18 jésus avec 8 plans, broché........................ 4 fr.

Exemplaires sur papier de Hollande.... 8 fr.

Ouvrage couronné par l'Académie française (Prix Montyon).

Ce volume contient un résumé des grandes découvertes archéologiques du dix-neuvième siècle. Rien de plus attachant, on peut dire de plus passionnant que le récit de ces fouilles habilement conduites et de leurs merveilleux résultats.

CARTAULT (Alfred), professeur à la Faculté des lettres de Paris. **Terres cuites grecques**, photographiées d'après les originaux des collections privées de France et des musées d'Athènes, 29 planches tirées en phototypie, avec texte. 1 vol. in-4°........................ 25 fr.

5 exempl. numér. sur papier du Japon. 80 fr.

Les renseignements que nous fournit ce livre sont d'un prix inappréciable : ce que n'avaient pu nous apprendre les statues de marbre et de bronze toujours solennelles, les terres cuites, plus familières, nous l'indiquent. Elles nous initient à la vie privée des Grecs, nous parlent du culte des morts et nous révèlent un art aimable, joignant à la grâce de notre dix-huitième siècle plus de correction et de style.

STAPFER (Paul), docteur ès lettres, doyen de la Faculté des lettres de Bordeaux. **Rabelais, sa personne, son génie, son œuvre.** 1 vol. in-18 jésus, broché........................ 4 fr.

M. Paul Stapfer a voulu mettre l'œuvre de Rabelais à la portée de tous en la débarrassant de tout ce qu'elle a d'indigeste et d'obscur pour en faire ressortir les parties vraiment intéressantes. Il a fait la plus large place à l'analyse du génie de l'auteur comique et satirique, comme à celle de la pensée du moraliste et du talent de l'écrivain.

PETIT DE JULLEVILLE, docteur ès lettres, professeur à la Faculté des lettres de Paris. **Le Théâtre en France**, histoire de la littérature dramatique. 1 vol. in-18 jésus, broché..... 3 fr. 50

Exemplaires sur papier de Hollande .... 8 fr.

L'auteur s'est proposé, non d'énumérer beaucoup de pièces oubliées, mais de caractériser les diverses époques de l'histoire du théâtre en France. Après un tableau résumé de ses origines dramatiques, le livre expose l'influence de la Renaissance sur la scène ; il étudie l'œuvre classique du dix-septième siècle et celle du dix-huitième, où l'on voit poindre la révolution dramatique de laquelle est sorti le théâtre moderne.

CLARETIE (Léo), docteur ès lettres. **Lesage romancier**, d'après de nouveaux documents. 1 vol. in-8°, broché.................... 7 fr. 50

Le livre de M. Léo Claretie sur *Lesage romancier* nous montre l'étude de mœurs prenant corps à l'époque de Lesage, se dégageant du roman métaphysique de la période précédente, et inaugurant le roman vécu, observé, plein de vérité et de vie.

C'est une charmante contribution apportée à l'histoire de notre littérature nationale.

WEISS (J.-J.). **Sur Gœthe**, études critiques de littérature allemande. 1 vol. in-18 jésus, br. 3 fr. 50

Ce volume contient une suite d'études sur la littérature allemande au dix-neuvième siècle. On y remarquera un chapitre magistral sur Gœthe, à propos d'*Hermann et Dorothée*. Partout s'y retrouvent ce sens délicat et subtil, cet amour passionné des choses littéraires que seul peut-être en notre siècle Sainte-Beuve eut au même degré.

FRARY (Raoul). **Essais de Critique.** 1 vol. in-18 jésus, broché........................ 3 fr. 50

Études littéraires : *Eugénie Grandet* (Balzac) ; *La foire aux Vanités* (Thackeray) ; *Adam Bede* (Georges Eliot).

Le reportage et la littérature, à propos du *Journal des Goncourt*. — Les destinées de l'humanité et *Le Bonheur* (M. Sully-Prudhomme). — Les Doctrinaires et les *Souvenirs du duc de Broglie*. — M. Renan et les explorateurs modernes, etc.

SEIGNOBOS (Ch.), docteur ès lettres. **Scènes et Épisodes de l'Histoire nationale**, un magnifique volume in-4°, de grand luxe, imprimé sur papier du Marais et illustré de soixante grandes compositions inédites, tirées hors texte sur papier teinté ; l'exemplaire, broché........................ 40 »

Richement cartonné........................ 50 »

Il existe encore quelques exemplaires numérotés sur papier du Japon impérial....... 200 fr.

Sur papier de Hollande, grav. sur Japon. 100 fr.

Le texte, d'une magistrale ampleur, dû à la plume d'un jeune maître qui s'est déjà fait un nom parmi les historiens de l'École contemporaine, fait revivre avec intensité les nobles figures et les grandes journées de l'histoire de notre pays.

Quant aux soixante compositions qui illustrent ce magnifique ouvrage, nous les avons demandées aux plus grands artistes de l'École française.

Ce livre est destiné à rester comme une des publications les plus remarquables de la librairie moderne.

RAMBAUD (Alfred), docteur ès lettres, professeur à la Faculté des lettres de Paris. **Histoire de la Civilisation française** depuis les origines jusqu'à nos jours. 2 vol. in-18 jésus, brochés..... 8 fr.

L'auteur a voulu, à la chronologie des rois, des guerres de succession et de conquête, substituer l'étude des institutions et des mœurs.

Il a décrit avec précision toutes les institutions sociales et administratives. A toutes les époques il suit l'histoire de notre agriculture, de notre commerce. Il s'a garde de négliger le mouvement intellectuel et, indiquant les courants littéraires et philosophiques, il signale les progrès accomplis dans les lettres, dans les sciences et dans les arts.

RAMBAUD (Alfred). **Histoire de la Civilisation contemporaine en France.** 1 vol. in-18 jésus, broché........................ 5 fr.

Il n'est pas d'étude plus utile que celle de l'histoire contemporaine ; il n'en est pas de moins répandue. Il n'est pas rare de trouver des personnes très instruites qui possèdent fort bien l'histoire des siècles passés et qui ne savent rien des événements, des hommes, des idées qui ont marqué le siècle où nous vivons. Or, la connaissance de ces faits, tout proches de nous, de leurs conséquences immédiates qui se font encore sentir, des particularités historiques qui donnent, pour ainsi dire, la clef de notre organisation sociale et politique, est nécessaire à tous les Français.

RAMBAUD (Alfred). **Petite Histoire de la Civilisation française.** 1 vol. in-12, orné de 420 gravures, cartonné........................ 1 fr. 75

Relié toile, tranches dorées.......... 2 fr. 50

M. Alfred Rambaud a su extraire de son *Histoire de la Civilisation française*, avec mesure, tout ce qui peut intéresser les enfants, tout ce qui peut être saisi par eux et, évitant avec beaucoup d'art le danger des sèches énumérations, il a réussi à retracer, en des tableaux pleins de vie et de vérité, chacune des grandes époques de notre existence nationale.

Des illustrations d'un caractère authentique, gravées avec soin d'après les documents les plus certains, suivent le texte pas à pas et parlent aux yeux aussi bien qu'à l'esprit.

VIDAL DE LA BLACHE, maître de conférences à l'École normale supérieure. **Atlas historique et géographique** (cartographie française) contenant 137 cartes et 248 cartons en couleur. Lexique de 40 000 noms........................ 30 fr.

L'ouvrage sera complet en 24 livraisons in-folio dont chacune contiendra de six à huit cartes accompagnées de cartons.

Il paraît une livraison par mois, depuis le 15 décembre 1890, au prix de.................. 1 fr. 25

Cet Atlas se recommande à mesure aussi : l'agencement général des cartes, leur exécution habile provenant du choix prudent des caractères, le développement et l'intérêt des notices, sont autant d'innovations heureuses et profitables qui font de l'ouvrage un précieux instrument d'étude et de travail aussi utile aux étudiants qu'aux gens du monde.

KAULEK ET PLANTET. Autographes historiques (XVIIe et XVIIIe siècles), publiés d'après les originaux conservés principalement aux archives du Ministère des Affaires étrangères. 1 fascicule in-folio, cart. .... 20 fr.

Le recueil de fac-simile que MM. Kaulek et Plantet ont choisi avec soin parmi les pièces les plus intéressantes des Archives du ministère des Affaires étrangères, donne une transcription du texte accompagnée de notes et d'éclaircissements fort sobres sur les signataires des lettres ou leurs correspondants qui ont joué, au cours des deux derniers siècles, un rôle dans l'histoire de notre pays.

BOURNON (Fernand), archiviste-paléographe. **Paris : Histoire, monuments, administration, environs.** 1 vol. in-8°, avec 11 plans, dont 3 hors texte et 151 grav., broché. .... 7 fr.

Relié toile, tranches dorées. .... 10 fr.

Ce beau volume, imprimé avec luxe, est un ouvrage de vulgarisation d'un véritable attrait. L'*histoire locale* de la capitale forme la *première partie* ; tous les événements où Paris a joué un rôle direct y sont retracés à grandes lignes. La *seconde partie* contient la description des monuments, des rues, des maisons, les différentes transformations de la ville et de ses enceintes, les édifices disparus ou existants, avec des notes sur les caractères de notre architecture à toutes ses grandes époques. La *troisième partie* expose les origines, les développements, l'organisation actuelle de l'*administration municipale* avec la comparaison du présent au passé.

EDWARD A. FREEMAN, membre honoraire du Collège de la Trinité, à Oxford. **Histoire générale de l'Europe par la Géographie politique**, traduite par M. G. Lefebvre, avec préface de M. E. Lavisse. 1 vol. in-8°, broché, de 700 pages ; atlas, in-4°, de 73 cartes en chromolithographie. 30 fr.

Dans cet important ouvrage, M. Freeman s'est proposé « de déterminer quelle a été, suivant les époques, l'étendue des territoires occupés par les différents États et nations de l'Europe, de tracer les limites que chacun de ces pays a possédées, et les différentes significations qu'ont eues les noms qui servent à les désigner. »

L'auteur, en conduisant jusqu'à nos jours son histoire de la carte politique de l'Europe, qu'il a commencée aux temps les plus reculés, nous donne l'origine et le développement des questions qui se débattent aujourd'hui dans le monde politique et nous permet d'entendre dans la grande histoire, les informations que la presse nous apporte tous les jours.

LAVISSE (Ernest), docteur ès lettres, professeur à la Faculté des lettres de Paris. **Vue générale de l'histoire politique de l'Europe.** 1 vol. in-18 jésus, broché. .... 3 fr. 50

M. Ernest Lavisse a su, dans l'*immense enchaînement* des affaires européennes, choisir les faits indéniables, écarter les circonstances incertaines ou obscures, et il a, par cette simplification de l'histoire, rendu possible une vue d'ensemble de la formation, à travers les âges, de la carte moderne de l'Europe.

BRYCE (James), professeur à l'Université d'Oxford. **Le Saint Empire romain germanique et l'Empire actuel d'Allemagne**, traduit par Emile Domergue, avec une préface de M. Ernest Lavisse. 1 vol. in-8°, broché. .... 8 fr.

L'*Histoire du Saint Empire romain germanique* est en réalité celle des idées très grandes et très singulières qui ont conduit le monde pendant des siècles et dont l'effet est ressenti jusqu'à nos jours. Il est impossible de bien comprendre, non seulement l'histoire de l'Allemagne et de l'Italie, mais celle de la France et de l'Europe entière, si l'on ne sait pas comment ces idées se sont formées, comment elles se sont répandues, et la puissance extraordinaire qu'elles ont exercée sur les faits.

DENIS (Ernest), ancien élève de l'École normale supérieure, docteur ès lettres, professeur à la Faculté des lettres de Bordeaux. **Fin de l'Indépendance Bohême.** Tome premier : Georges de Podiébrad ; les Jagellons. Tome deuxième : Les premiers Habsbourgs ; la Défenestration de Prague. 2 vol. grand in-8°, brochés. .... 15 »

Dégagé de toute préoccupation confessionnelle, M. Denis nous retrace les dramatiques péripéties par lesquelles se préparent la restauration de l'Église catholique et l'établissement de la domination germanique en Bohême ; il nous donne un tableau complet et vivant de cette période si troublée où la Bohême est l'un des grands champs de bataille de la politique européenne, et son livre sera lu avec intérêt par tous ceux qu'intéressent la formation de l'Europe moderne et les grands problèmes de l'histoire contemporaine.

LAVISSE (Ernest), docteur ès lettres, professeur à la Faculté des lettres de Paris. **Trois empereurs d'Allemagne.** Guillaume Ier, Frédéric III, Guillaume II. 1 vol. in-18 jésus, broché. .... 3 fr. 50

C'est le livre d'un historien et d'un psychologue, analysant avec impartialité les faits politiques et les caractères.

DE VOGÜÉ (Vte E. Melchior), de l'Académie française. **Spectacles contemporains.** 1 vol. in-18 jés., broché. .... 3 fr. 50

Exemplaires sur papier de Hollande. .... 8 fr.

Ce volume présente une réunion d'articles ayant trait à des événements importants de la vie des nations européennes, ou même de l'histoire du monde : I. Affaires de Rome. — II. La mort de Guillaume Ier. — III. Lettres d'Asie ; l'inauguration du chemin de fer de Samarcande. — IV. Le général Loris-Mélikof ; les derniers mois du règne d'Alexandre II. — V. Les Indes noires ; le partage de l'Afrique.

VOGÜÉ (Vte E. Melchior de). **Regards historiques et littéraires.** 1 vol. in-18 jésus, br. 3 fr. 50

Exemplaires sur papier de Hollande. .... 8 fr.

Ce volume n'est pas un recueil de critique. En prenant sujet de quelques ouvrages d'histoire, de voyages et de poésie, l'auteur s'est proposé de regarder, à travers ces livres, l'Allemagne, la Russie, les pays d'Orient, et certaines idées directrices de l'histoire dans le monde antique, dans le moyen âge, dans le temps présent. Il a essayé, pour des époques et des lieux divers, de reconstituer quelques tableaux de la vie humaine et de dégager quelques-unes des lois qui ont présidé au développement de l'humanité.

DUBOIS (Marcel), maître de conférences de géographie à la Faculté des lettres de Paris. **Examen de la Géographie de Strabon**, étude critique de la méthode et des sources. 1 vol. in-8° br. .. 12 fr.

Ouvrage couronné par l'Académie des inscriptions et belles-lettres.

M. Marcel Dubois s'est efforcé de montrer par l'exemple de Strabon, combien les auteurs anciens étaient déjà embarrassés pour déterminer le rôle réciproque des sciences et de l'histoire dans les *études géographiques*. L'œuvre de Strabon montre précisément le curieux alliage de la haute philosophie scientifique des penseurs grecs avec les tendances toutes pratiques et utilitaires des Latins. C'est le véritable intérêt du livre géographique de ce Grec d'Asie Mineure.

RAMBAUD (Alfred), docteur ès lettres, professeur à la Faculté des lettres de Paris. **La France coloniale**, Histoire, Géographie, Commerce, publiée avec la collaboration d'une société de géographes et de voyageurs. 1 vol. in-8° avec 12 cartes en couleur, broché. .... 8 fr.

Introduction historique, par M. Alfred Rambaud. — **L'Algérie**, par M. P. Foncin, inspecteur général de l'Université, secrétaire général de l'*Alliance française*. — **La Tunisie**, par M. J. Tissot. — **Le Sénégal et ses dépendances**, par M. le commandant Archinard. — **La Guinée du Nord** : Établissements de la Côte d'Or, Grand-Bassam et Assinie, par M. A. [illegible]. — Établissements de la Côte des Esclaves, Porto-Novo, Kotonou, Grand-Popo, par M. [illegible]. — **L'Ouest africain**, par M. J. Dutreuil de Rhins. — **L'Île de la Réunion**, par M. Jacob de Cordemoy, membre du Conseil général de la Réunion. — **Madagascar et les îles voisines**, par M. Gabriel Marcel, revu par M. Alfred Grandidier. — **La mer Rouge** (Obock, Cheik-Saïd), par M. Paul Soleillet. — **L'Inde française**, par M. Henri Deloncle. — **L'Indo-Chine française**, par M. le capitaine Bouinais et M. Paulus. — **L'Océanie française**, Tahiti, par M. A. Goupil. — **La Nouvelle-Calédonie**, par M. Charles Lemire. — **Terre Neuve**, Saint-Pierre et Miquelon, par M. le lieutenant J. Nicolas. — **La Guadeloupe**, par M. Isaac, sénateur de la Guadeloupe. — **La Martinique**, par M. Hurard, député de la Martinique. — **La Guyane**, par M. Jules Leveillé, professeur à la Faculté de droit de Paris. — **Conclusion**, par M. A. Rambaud.

FONCIN (P.), inspecteur général de l'Université. **Géographie générale.** 1 vol. in-4° carré de 252 pages, avec 112 cartes ou cartons en couleur, placés en regard du texte, gravures et profils, relief du sol, hydrographie, voies de communication, industrie, commerce, statistique, *index alphabétique contenant 6500 noms géographiques*, relié toile. . . 12 fr.

Cette *Géographie générale* est un *livre de mois*, aussi complet que possible ; grâce à l'*Index alphabétique* qui le termine et qui contient *plus de 6500 noms*, il fournit aussi facilement qu'un dictionnaire tous les renseignements géographiques dont peuvent avoir journellement besoin les gens du monde et les hommes d'affaires.

FONCIN (P.). **Géographie historique** (48 cartes en regard de 48 pages de texte). Antiquité, moyen âge, temps modernes, époque contemporaine. 1 vol. in-4° avec 60 gravures, cartonné. . . . . 6 fr.

Relié toile 7 50

La *Géographie historique* est mieux qu'une géographie, et plus qu'une histoire, c'est le développement de la civilisation universelle depuis les temps préhistoriques jusqu'à nos jours que l'auteur s'est attaché à faire ressortir à chaque page.

ESPINAS (A.), professeur à la Faculté des lettres de Bordeaux. **Histoire des Doctrines économiques**. 1 vol. in-18 jésus, broché. . . . 3 fr. 50

On trouvera dans ce livre un ensemble de notices sur les principales écoles, reliées entre elles par un exposé historique présentant la filiation des doctrines économiques depuis les origines jusqu'à nos jours.

FOVILLE (Alfred de), professeur au Conservatoire des Arts et Métiers, chef du bureau de Statistique du Ministère des finances. **La France économique**, statistique raisonnée et comparative. 1 vol. in-18 jésus, avec cartes et diagrammes, cartonné à l'anglaise. . . . . 6 fr.

Atlas de statistique financière. Documents graphiques, publiés par le Ministère des Finances. 1 volume in-folio, cartonné, avec 30 cartes en couleur. . . . . 15 fr.

Professions et Métiers, guide pratique pour le choix d'une carrière, à l'usage des familles et de la jeunesse, publié sous la direction de M. Paul Jacquemart, inspecteur de l'Enseignement techni-que au Ministère du Commerce, de l'Industrie et des Colonies. Paraît (*depuis le 7 février 1891*) en livraisons hebdomadaires de 32 pages in-8°, à. . . . . 0 fr. 25

Tome Iᵉʳ. *Professions libérales*. 1 vol. in-8°, broché. . . . . 10 fr.

Tome II. *Professions manuelles, industrielles et commerciales*. (En cours de publication.)

La seconde partie de *Professions et Métiers*, qui embrasse les professions manuelles, industrielles et commerciales, commence avec la **32ᵉ** livraison (12 septembre 1891) et sera terminée dans le courant d'avril 1892.

LECLERC DU SABLON, professeur à la Faculté des sciences de Toulouse. **Nos Fleurs**, plantes utiles et nuisibles. 350 figures en noir, 144 figures en couleur.

L'ouvrage comprend 16 livraisons in-4° cavalier contenant chacune 8 pages de texte avec figures en noir et une planche hors texte (9 figures en couleur). Chaque livraison. . . . . 0 fr. 75

Il paraît une livraison tous les 15 jours, le samedi, à partir du 5 mars 1892.

QUESTIONS DU TEMPS PRÉSENT

Pensons-y et Parlons-en, par M. Jean Herwen. 1 brochure in-16. . . . . 0 fr. 30

La Question d'Alsace dans une âme d'Alsacien, par M. Ernest Lavisse. 1 broch. in-16. . 0 fr. 50

Le Devoir présent, par M. Paul Desjardins. 1 brochure in-16. . . . . 1 fr.

Le Rôle social des Universités, par M. Max Leclerc. 1 brochure in-16. . . . . 1 fr.

L'Âme française et les Universités nouvelles, selon l'esprit de la Révolution, par M. Jean Izoulet. 1 brochure in-16. . . . . 1 fr.

Annales de Géographie, publiées sous la direction de MM. P. Vidal de la Blache, sous-directeur et maître de conférences à l'École normale supérieure, et Marcel Dubois, maître de conférences de géographie à la Faculté des lettres de Paris. Revue trimestrielle. Un an, d'octobre : France, colonies et étranger 15 fr. Le numéro : 4 fr.

Revue internationale de l'Enseignement, publiée par la *Société de l'Enseignement supérieur* (12ᵉ année). Paraissant le 15 de chaque mois. Un an, de janvier : France, colonies et étranger, 24 fr.

Revue universitaire. Éducation. Enseignement. Hygiène. Administration. Sujets donnés dans les Examens et Concours, lettres et langues vivantes, Agrégation, Licence et Baccalauréat. Devoirs de classe, Bibliographie. *Paraissant le 15 de chaque mois (sauf en août et septembre)*. Le numéro, 1 fr. 25. Abonnement annuel, du 15 janvier : France, 10 fr., Colonies et Étranger, 12 fr.

Bulletin scientifique, rédigé par M. Ernest Lebon, agrégé de mathématiques (Ens. moderne), professeur au lycée Charlemagne, avec la collaboration d'une Société de Professeurs, paraissant le 20 de chaque mois. Un an d'octobre : France, 6 fr., colonies et étranger : 7 fr.

Le Volume, *journal in-12 des Instituteurs, des Institutrices et de leur Famille*, paraissant tous les samedis. Abonnement, un an : France, 6 fr., colonies et étranger, 7 fr.

Par sa disposition, Le Volume donne annuellement quatre volumes in-12, d'une valeur supérieure au prix de l'abonnement : I. Variétés et nouvelles ; — II. Administration et pédagogie ; — III. Travaux scolaires ; — IV. Œuvres littéraires.

Le Petit Français illustré, *journal des Écoliers et des Écolières*, paraissant tous les samedis. 10 cent. le n°. — Abonnement, un an : France, 6 fr., colonies et étranger, 7 fr.

Le plus intéressant et le mieux illustré de tous les journaux d'enfants, le *Petit Français* a, dès sa apparition, obtenu un grand succès dans les familles et dans les écoles.

Les contes, les nouvelles, les récits qui alternent avec des articles de vulgarisation scientifique, les gravures soignées, les ingénieuses surprises des suppléments font de ce recueil le plus attrayant et le plus utile des récréations.

La Première année du *Petit Français illustré* (mars à décembre 1889), 1 vol. in-8° jésus, contenant plus de 400 gravures, broché, 5 fr. ; relié toile, tranches dorées, 7 fr. 50.

Les Deuxième et Troisième années du *Petit Français illustré* forment chacune 1 vol. in-8° jésus, contenant de nombreuses gravures, broché, 6 fr. ; relié toile, tranches dorées, 9 fr.

Paris. — Imp. E. Capiomont et Cⁱᵉ, rue des Poitevins, 6.

LECLERC DU SABLON

Nos Fleurs

plantes utiles et nuisibles

350 *figures en noir*

144 *figures en couleur*

Armand Colin & Cⁱᵉ, Éditeurs

PARIS

LECLERC DU SABLON

Nos Fleurs

plantes utiles et nuisibles

35o *figures en noir*

144 *figures en couleur*

Armand Colin & Cⁱᵉ, Éditeurs

PARIS

LECLERC DU SABLON

Nos Fleurs

plantes utiles et nuisibles

350 *figures en noir*

144 *figures en couleur*

Armand Colin & Cⁱᵉ, Éditeurs

PARIS

PROFESSIONS ET MÉTIERS

GUIDE PRATIQUE

pour le choix d'une Carrière, à l'usage des Familles et de la Jeunesse

PUBLIÉ SOUS LA DIRECTION DE

M. Paul JACQUEMART

Tome I — Professions libérales. 1 volume in-8° de 1000 pages, broché .... 10 »

Tome II — Professions manuelles, industrielles et commerciales. *En cours de publication, une livraison le avril 1895.*
   Chaque livraison de 32 pages in-8° .... » 25

Le choix d'une profession est, de tous les problèmes qui peuvent se poser dans une famille, à la fois le plus important et le plus difficile à résoudre d'une manière raisonnée. C'est en vue de répondre à cette véritable nécessité que nous publions un guide *pratique et méthodique* où l'on trouvera, sous une forme succincte, aussi exacte que possible, l'indication des principales conditions sociales qui s'offrent aux jeunes gens.

Le second volume de cette importante publication est exclusivement consacré aux métiers proprement dits et aux professions industrielles et commerciales.

PRINCIPAUX ARTICLES PARUS DANS LE TOME II :

LECLERC DU SABLON

Nos Fleurs

plantes utiles et nuisibles

35o *figures en noir*
144 *figures en couleur*

Armand Colin & Cᵉ, Éditeurs
PARIS

LECLERC DU SABLON

Nos Fleurs

plantes utiles et nuisibles

35o *figures en noir*

144 *figures en couleur*

Armand Colin & Cie, Éditeurs

Paris

7ᵉ Livraison.

75 centimes.

LECLERC DU SABLON

Nos Fleurs

plantes utiles et nuisibles

350 *figures en noir*

144 *figures en couleur*

Armand Colin & Cⁱᵉ, Éditeurs

PARIS

PROFESSIONS ET MÉTIERS

GUIDE PRATIQUE

pour le choix d'une Carrière, à l'usage des Familles et de la Jeunesse

[illegible]

M. Paul JACQUEMART

[illegible]

Tome I. Professions libérales. 1 volume in-8° de 1000 pages, broché . . . . . 10 »
Tome II. Professions manuelles, industrielles et commerciales. 1 volume in-8° de 1100 pages, broché . . . . . 10 »

Le choix d'une profession est, de tous les problèmes qui peuvent se poser dans une famille, à la fois le plus important et le plus difficile à résoudre d'une manière raisonnée. C'est en vue de répondre à cette évidente nécessité que nous publions un guide *pratique* et *méthodique* où l'on trouvera, sous une forme concise, aussi exacte que possible, l'indication des principales conditions sociales qui s'offrent aux jeunes gens.

Le second volume de cette importante publication est exclusivement consacré aux métiers proprement dits et aux professions industrielles et commerciales.

PRINCIPAUX ARTICLES PARUS DANS LE TOME II

[illegible]

Atlas Vidal-Lablache historique et géographique. Cartographie française. [illegible] cartes en couleur : [illegible] cartes physiques. — [illegible] cartes politiques. — 47 cartes historiques. — [illegible] cartes géologiques. — [illegible] cartes économiques. — [illegible] cartons en couleur. — Notices explicatives. — Choix gradué de caractères. — Extrême lisibilité. — Index contenant [illegible].

24 livraisons à 1 fr. 25. — L'Atlas complet : 30 fr.

Il paraît une livraison par mois depuis le 15 décembre 1890.

Géographie générale, par M. P. Foncin, agrégé d'histoire, inspecteur général de l'Université. 1 vol. in-4° carré de [illegible] pages, avec [illegible] cartes ou cartons en couleur, placés en regard du texte, gravures et profils, relief du sol, hydrographie, voies de communication, agriculture, industrie, commerce, [illegible], table alphabétique [illegible] . . . 12 »

[illegible]

Les Littératures étrangères : Angleterre, Allemagne. Histoire littéraire, Notices biographiques et critiques, Morceaux choisis, par M. H. [illegible], agrégé des lettres, agrégé des langues vivantes, professeur au lycée Buffon. 1 vol. in-18 jésus, broché . . . 4 »

[illegible]

Excursions archéologiques en Grèce. Mycènes — Délos — Athènes — Olympie — Éleusis — Épidaure — Dodone — [illegible] — Tanagra, avec [illegible] plans, par M. Ch. Diehl, ancien membre des Écoles françaises de Rome et d'Athènes, professeur à la Faculté des lettres de Nancy. 2e édition. 1 vol. in-18 jésus, broché . . . 4 »

[illegible] par l'Académie française ([illegible]).

PROFESSIONS ET MÉTIERS

GUIDE PRATIQUE

pour le choix d'une Carrière, à l'usage des Familles et de la Jeunesse

LECLERC DU SABLON

Nos Fleurs

plantes utiles et nuisibles

150 *figures en noir*

144 *figures en couleur*

Armand Colin & Cⁱᵉ, Éditeurs

PARIS

LECLERC DU SABLON

Nos Fleurs

plantes utiles et nuisibles

350 *figures en noir*

144 *figures en couleur*

Armand Colin & Cⁱᵉ, Éditeurs

PARIS

LECLERC DU SABLON

Nos Fleurs

plantes utiles et nuisibles

350 *figures en noir*
144 *figures en couleur*

Armand Colin & Cⁱᵉ, Éditeurs

PARIS

LECLERC DU SABLON

Nos Fleurs

plantes utiles et nuisibles

360 *figures en noir*

144 *figures en couleur*

Armand Colin & Cⁱᵉ, Éditeurs

PARIS

LECLERC DU SABLON

Nos Fleurs

plantes utiles et nuisibles

350 *figures en noir*

144 *figures en couleur*

Armand Colin & Cⁱᵉ, Éditeurs

PARIS

13ᵉ Livraison.   75 centimes.

LECLERC DU SABLON

Nos Fleurs

plantes utiles et nuisibles

150 *figures en noir*

144 *figures en couleur*

Armand Colin & Cⁱᵉ, Éditeurs

PARIS

Il paraît une livraison tous les 15 jours. L'ouvrage complet formera 17 livraisons. Prix   12 50

Atlas Vidal-Lablache, historique et

géographique. Cartographie française. 127 cartes en
couleur : 45 cartes physiques — 39 cartes politiques —
17 cartes historiques — 6 cartes géologiques et 4 cartes
économiques — 18 cartes en couleur. — Notices explicatives — Index propre de questions. — L'atlas broché. — Index contenant 48.000 noms.

28 fascicules à 1 fr. 25. — L'atlas complet : 30 fr.

Annales de Géographie, publiées

sous la direction de MM. P. Vidal de la Blache, sous-
directeur et maître de conférences à l'École normale
supérieure, et Marcel Dubois, maître de conférences
de géographie à la Faculté des lettres de Paris.

La Grèce d'aujourd'hui, par

M. Gaston Deschamps. 8ᵉ édition. 1 vol. in-16 jésus,
broché. 3 50

Exemplaires sur papier de Hollande. 8

Viennent de paraître

Terres cuites antiques trouvées

en Grèce et en Asie Mineure (collection recueillie
par M. Auguste Carteault,
professeur à la Sorbonne. Un album in-folio, contenant 65 planches hors de phototypie. 120

Vient de paraître

L'Art de vivre, par M. Gustave Simon,

avec une préface de M. Jules Simon, de l'Académie
française. 18ᵉ édition. 1 vol. in-18 jésus broché. 3 50

Exemplaires sur papier de Hollande. 8

Géographie générale, par P. Foncin,

inspecteur général de l'Université.
1 vol. in-4 relié de 552 pages, avec 112 cartes ou
cartons en couleur, plans comprenant du texte, gravures
et profils, relief du sol, hydrographie, voies de communication, agriculture, industrie, commerce, statistique
(avec un index figuré). 1 bel atlas géographique
relié. 12

La Colonisation de l'Indo-Chine,

l'Expérience anglaise, par M. J. Chailley-Bert.
1 vol. in-18 jésus, broché. 4

Exemplaires sur papier de Hollande numérotés. 8

Excursions archéologiques en

Grèce. Mycènes — Délos — Athènes — Olympie —
Éleusis — Épidaure — Dodone — Tirynthe — Tanagra,
avec 8 plans, par M. Ch. Diehl, ancien membre des
Écoles françaises de Rome et d'Athènes, professeur à la
Faculté des lettres de Nancy. 4ᵉ édition. 1 vol. in-18
jésus broché. 4

Exemplaires sur papier de Hollande. 8

Terres cuites grecques, planches

phototypie d'après les originaux des collections privées de
l'auteur et des musées d'Athènes, avec texte, par
M. A. Carteault, professeur à la Sorbonne. 1 volume
in-4 contenant 50 planches tirées en phototypie,
broché. 75

Exemplaires sur papier de luxe. 80

Professions et Métiers, guide pratique

pour le choix d'une carrière, à l'usage des familles
et de la jeunesse, publié sous la direction de M. Paul
Jacquemart, inspecteur de l'Enseignement technique
au Ministère du Commerce et de l'Industrie.

Tome I. Professions libérales. 1 vol. de 500 pages. 10
Tome II. Professions agricoles, industrielles et commerciales. 1 vol. 10

LECLERC DU SABLON

Nos Fleurs

plantes utiles et nuisibles

550 *figures en noir*

144 *figures en couleur*

Armand Colin & Cⁱᵉ, Éditeurs

PARIS

LECLERC DU SABLON

Nos Fleurs

plantes utiles et nuisibles

350 *figures en noir*
144 *figures en couleur*

Armand Colin & Cⁱᵉ, Éditeurs
PARIS

LECLERC DU SABLON

Nos Fleurs

plantes utiles et nuisibles

350 *figures en noir*

144 *figures en couleur*

Armand Colin & Cⁱᵉ, Éditeurs
Paris

L'ouvrage complet formera un magnifique volume, relié toile tranches dorées, 15 francs.

LECLERC DU SABLON

Nos Fleurs

plantes utiles et nuisibles

350 *figures en noir*

144 *figures en couleur*

Armand Colin & Cⁱᵉ, Éditeurs

PARIS